国家重点图书出版规划项目 十二五 辽河流域水污染综合治理系列丛书

辽河源头区面源污染治理的理论与实践

陈明辉　梁冬梅　马继力　吕　川　编著

中国环境出版社·北京

图书在版编目（CIP）数据

辽河源头区面源污染治理的理论与实践/陈明辉等编著. —北京：中国环境出版社，2016.8
　（辽河流域水污染综合治理系列丛书）
ISBN 978-7-5111-2831-7

Ⅰ.①辽…　Ⅱ.①陈…　Ⅲ. ①辽河流域—面源污染—水污染防治—研究　Ⅳ.①X522.06

中国版本图书馆 CIP 数据核字（2016）第 117146 号

出 版 人　王新程
责任编辑　葛　莉
责任校对　尹　芳
封面设计　彭　杉

出版发行　中国环境出版社
　　　　　（100062　北京市东城区广渠门内大街 16 号）
　　　　　网　　　址：http://www.cesp.com.cn
　　　　　电子邮箱：bjgl@cesp.com.cn
　　　　　联系电话：010-67112765（编辑管理部）
　　　　　　　　　　010-67113412（教材图书出版中心）
　　　　　发行热线：010-67125803，010-67113405（传真）
印　　刷　北京中科印刷有限公司
经　　销　各地新华书店
版　　次　2017 年 4 月第 1 版
印　　次　2017 年 4 月第 1 次印刷
开　　本　787×1092　1/16
印　　张　8.75
字　　数　180 千字
定　　价　43.00 元

本书编著委员会

主　编：陈明辉　马继力　吕　川

编　委：（按姓氏笔画排列）

王淑花　王　媛　任建锋　刘德敏

刘　颖　刘　特　朱显梅　李　平

齐　琳　徐国梅　梁冬梅　路红军

总　序

　　我国作为一个发展中的人口大国，资源环境问题是长期制约经济社会可持续发展的重大问题。在经济快速增长、资源能源消耗大幅度增加的情况下，我国污染排放强度大、负荷高，主要污染物排放量超过受纳水体的环境容量。同时，我国人均拥有水资源量远低于国际平均水平，水资源短缺导致水污染加重，水污染又进一步加剧水资源供需矛盾。长期严重的水污染问题影响着水资源利用和水生态系统的完整性，影响着人民群众身体健康，已经成为制约我国经济社会可持续发展的重大瓶颈。

　　"水体污染控制与治理"科技重大专项（以下简称"水专项"）是《国家中长期科学和技术发展规划纲要（2006—2020 年）》确定的 16 个重大专项之一，旨在集中攻克一批节能减排迫切需要解决的水污染防治关键技术、构建我国流域水污染治理技术体系和水环境管理技术体系，为重点流域污染物减排、水质改善和饮用水安全保障提供强有力的科技支撑，是新中国成立以来投资最大的水污染治理科技项目。

　　"十一五"期间，在国务院的统一领导下，在科技部、国家发展改革委和财政部的精心指导下，在领导小组各成员单位、各有关地方政府的积极支持和有力配合下，水专项领导小组围绕主题主线新要求，动员和组织全国数百家科研单位、上万名科技工作者，启动了 34 个项目、241 个课题，按照"一河一策""一湖一策"的战略部署，在重点流域开展大攻关、大示范，突破 1 000 余项关键技术，完成 229 项技术标准规范，申请 1 733 项专利，初步构建了水污染治理和管理技术体系，基本实现了"控源减排"阶段目标，取得了阶段性成果。

　　一是突破了化工、轻工、冶金、纺织印染、制药等重点行业"控源减排"关键技术 200 余项，有力地支撑了主要污染物减排任务的完成；突破了城市污水处理厂提标改造和深度脱氮除磷关键技术，为城市水环境质量改善提供了支撑；研发了受污染原水净化处理、管网安全输配等 40 多项饮用水安全保障关键技术，为城市实现从源头到龙头的供水安全保障奠定了科技基础。

二是紧密结合重点流域污染防治规划的实施，选择太湖、辽河、松花江等重点流域开展大兵团联合攻关，综合集成示范多项流域水质改善和生态修复关键技术，为重点流域水质改善提供了技术支持，环境监测结果显示，辽河、淮河干流化学需氧量消除劣 V 类；松花江流域水生态逐步恢复，重现大马哈鱼；太湖富营养状态由中度变为轻度，劣 V 类入湖河流由 8 条减少为 1 条；洱海水质连续稳定并保持良好状态，2012 年有 7 个月维持在 II 类水质。

三是针对水污染治理设备及装备国产化率低等问题，研发了 60 余类关键设备和成套装备，扶持一批环保企业成功上市，建立一批号召力和公信力强的水专项产业技术创新战略联盟，培育环保产业产值近百亿元，带动节能环保战略性新兴产业加快发展，其中杭州聚光研发的重金属在线监测产品被评为 2012 年度国家战略产品。

四是逐步形成了集国家重点实验室、工程中心—流域地方重点实验室和工程中心—流域野外观测台站—企业试验基地平台等于一体的水专项创新平台与基地系统，逐步构建了以科研为龙头、以野外观测为手段、以综合管理为最终目标的公共共享平台。目前，通过水专项的技术支持，我国第一个大型河流保护机构——辽河保护区管理局已正式成立。

五是加强队伍建设，培养了一大批科技攻关团队和领军人才，采用地方推荐、部门筛选、公开择优等多种方式遴选出近 300 个水专项科技攻关团队，引进多名海外高层次人才，培养上百名学科带头人、中青年科技骨干和 5 000 多名博士、硕士，建立人才凝聚、使用、培养的良性机制，形成大联合、大攻关、大创新的良好格局。

在 2011 年"十一五"国家重大科技成就展、"十一五"环保成就展、全国科技成果巡回展等一系列展览中以及 2012 年全国科技工作会议和2013 年年初的国务院重大专项实施推进会上，党和国家领导人对水专项取得的积极进展都给予了充分肯定。这些成果为重点流域水质改善、地方治污规划、水环境管理等提供了技术和决策支持。

在看到成绩的同时，我们也清醒地看到存在的突出问题和矛盾。水专项离国务院的要求和广大人民群众的期待还有较大差距，仍存在一些不足和薄弱环节。2011年专项审计中指出水专项"十一五"在课题立项、成果转化和资金使用等方面不够规范。"十二五"我们需要进一步完善立项机制，提高立项质量；进一步提高项目管理水平，确保专项实施进度；进一步严格成果和经费管理，发挥专项最大效益；在调结构、转方式、惠民生、促发展中发挥更大的科技支撑和引领作用。

我们也要科学认识解决我国水环境问题的复杂性、艰巨性和长期性，水专项亦是如此。刘延东副总理指出，水专项因素特别复杂、实施难度很大、周期很长、反复也比较多，要探索符合中国特色的水污染治理成套技术和科学管理模式。水专项不是包打天下，解决所有的水环境问题，不可能一天出现一个一鸣惊人的大成果。与其他重大专项相比，水专项也不会通过单一关键技术的重大突破，实现整体的技术水平提升。在水专项实施过程中，妥善处理好当前与长远、手段与目标、中央与地方等各个方面的关系，既要通过技术研发实现核心关键技术的突破，探索出符合国情、成本低、效果好、易推广的整装成套技术，又要综合运用法律、经济、技术和必要的行政手段来实现水环境质量的改善，积极探索符合代价小、效益好、排放低、可持续的中国水污染治理新路。

党的十八大报告强调，要实施国家科技重大专项，大力推进生态文明建设，努力建设美丽中国，实现中华民族永续发展。水专项作为一项重大的科技工程和民生工程，具有很强的社会公益性，将水专项的研究成果及时推广并为社会经济发展服务是贯彻创新驱动发展战略的具体表现，是推进生态文明建设的有力措施。为广泛共享水专项"十一五"取得的研究成果，水专项管理办公室组织出版水专项"十一五"成果系列丛书。该丛书汇集了一批专项研究的代表性成果，具有较强的学术性和实用性，可以说是水环境领域不可多得的资料文献。丛书的组织出版，有利于坚定水专项科技工作者专项攻关的信心和决心；有利于增强社会各界对水专项的了解和认同；有利于促进环保公众参与，树立水专项的良好社会形象；有利于促进专项成果的转化与应用，为探索中国水污染治理新路提供有力的科技支撑。

最后，我坚信在国务院的正确领导和有关部门的大力支持下，水专项一定能够百尺竿头，更进一步。我们一定要以党的十八大精神为指导，高擎生态文明建设的大旗，团结协作、协同创新、强化管理，扎实推进水专项，务求取得更大的成效，把建设美丽中国的伟大事业持续推向前进，努力走向社会主义生态文明新时代！

周生贤

2013 年 7 月 25 日

前　言

　　辽河是我国的七大河流之一，既是流域居民的主要饮用水水源地，又是沿河城市的纳污水体；既承担着为区域经济社会发展提供水资源的作用，又消纳着工业、生活及农业排放的大量污染物。资料显示，辽河已成为我国污染最重的河流之一。

　　辽河流经吉林、内蒙古和辽宁三省区。在吉林省境内辽河的主要干、支流包括东辽河、招苏台河、条子河和西辽河。在辽河全流域的尺度上，吉林省境内的大部分支流均处于源头位置。由于西辽河常年断流，根据辽河控制单元的划分，把发源于吉林省境内的各干、支流，以及吉林省境内的东辽河流域、招苏台河流域和条子河流域统称为辽河源头区。

　　课题组结合"国家水体污染控制与治理科技重大专项"河流主题"辽河流域水体污染综合治理技术集成与工程示范项目"的总体目标开展了"辽河源头区水质改善与生态修复技术及示范研究"，以工业点源控制为重点，开展了重污染行业水污染物削减和废水资源化利用技术的研究并进行示范；开展了农业面源污染控制技术研究与示范，与源头区水源涵养和生态修复技术研究相结合，突破污染负荷削减和源头区生态修复关键技术，构建水质改善技术体系和北方重度污染跨界河流综合管理技术体系。

　　为了总结"十一五"三年的科研成果，吉林省环境科学研究院编制了《辽河源头区面源污染治理的理论与实践》这本书。此书共分三篇八个章节，参加各章节编写的主要人员有：第1章吕川、陈明辉；第2章吕川、刘特；第3章吕川、刘德敏；第4章、第5章吕川、齐琳；第6章吕川、梁冬梅；第7章任建锋、马继力、陈明辉、徐国梅、刘颖、路红军；第8章马继力、梁冬梅、任建锋、朱显梅、李平、王媛。全书制图由齐琳完成，由陈明辉、梁冬梅审定。

本书作者虽然多年从事环境保护科学研究工作，但自知自主创新不足。由于受到知识及能力限制，本书的许多研究内容及观点可能存在问题和缺陷，敬请读者批评指正。

目　录

第三篇　重污染流域面源污染控制技术研究及应用示范

第一篇

重污染流域面源污染特征

第1章

重污染流域环境综合调查与分析

1.1 自然概况调查

1.1.1 地理位置

辽河源头区流域位于吉林省西南部，地处东经 123°42′～125°31′，北纬 42°34′～44°08′，流域总面积 15 746 km²，占全省总土地面积的 8.42%，主要河流有东辽河、西辽河、招苏台河（图 1-1）。

图 1-1 辽河源头区位置图

辽河源头区流域内涉及 2 个地区的 7 个市县,共计 81 个乡镇,具体县镇分布情况:①四平市市区(铁西区和铁东区)、双辽市、梨树县全部乡镇,公主岭市的八屋镇、玻璃城子、朝阳坡镇、大榆树镇、二十家子、黑林子镇、怀德镇、环岭街道办、刘房子街道办、龙山乡、毛城镇、南崴子街道办、秦家屯镇、桑树台镇、十屋镇、双龙镇、苇子沟街道办、杨大城子镇,伊通县的小孤山镇、靠山镇、大孤山镇,总共64 个乡镇;②辽源市市区(龙山区、西安区、民营经济开发区)和东辽县全部乡镇,总计 17 个乡镇。

1.1.2 气候

该流域属温带大陆性季风气候区,四季分明,春季干燥多风,夏季温热多雨,秋季凉爽晴朗,冬季严寒漫长。多年平均降水量为 545 mm,降水分布由东南向西北递减,受季风环境影响,大部分降水量集中在 6—9 月,约占全年降水量的 80%,多年平均蒸发量为 1 020 mm。多年平均刮风天数为 20~40 天。

1.1.3 水文

辽河水系(吉林省部分)主要有东辽河、西辽河、招苏台河等主要河流。流域多年平均径流量为 7.13 m³/s,径流年内分配不均,夏汛期水量最为充沛。东辽河是辽河的主要支流,发源于辽源市东辽县宴平乡萨哈岭,流经辽源、四平地区,于四平地区双辽市土奔乡出境,全长 406 km,全省境内长 321 km,流域面积 10 136 km²。西辽河是辽河的另一主要支流,其干流河长在全省内只有 31 km。招苏台河发源于梨树县三家子乡王相屯土们岭,全省境内流长 103 km,流域面积 1 147 km²。其主要支流条子河,省内河长 58 km,流域面积 463 km²。

流域多年平均水资源总量 14.5 亿 m³,仅占吉林省地表水资源总量的 0.54%,地表水资源相对短缺。

1.1.4 地质条件

该流域地处松辽平原中部,低山、丘陵和平原兼备,位于辽河流域上游,地势由东南向西北缓降,海拔高度为 611~120 m。东南部为低山丘陵地带,山高谷宽,山间夹杂小的沟川平地,土质肥沃,山体表层土质较好。中西部为平原区,为起伏的台地和平缓的平原,东辽河、招苏台河穿行其间,沿河两岸地势低平。

1.2 社会经济调查

1.2.1 基本情况

辽河源头区流域包括辽源市和四平市两个地级市和东辽县、公主岭市、梨树县、双辽县、伊通县（大孤山镇、小孤山镇、靠山镇）5 个县，总人口 354 万，占全省人口的 13.0%。人口密度为 259 人/km²，城镇化率 48.3%，高于全省水平（45.1%）。

辽河源头区流域已逐步形成了以化工、造纸、食品加工、机械为主的产业结构，工业种类较为齐全。流域内农业产业化进程较快，食品加工业呈现强劲的发展势头，已成为流域内的支柱产业。2009 年，地区生产总值 839.3 亿元，占全省的 11.5%，三次产业对地区生产总值贡献率分别为 19.0%、46.0%、34.9%。

该流域是全省农业种植和牧业养殖的重点区域。2009 年，流域内共有耕地 47.77 万 hm²，约占流域面积的 34.91%，主要粮食作物有玉米、水稻、大豆等，是吉林省重要的商品粮生产基地。丰富的粮食资源为发展畜禽养殖提供了有利条件，2009 年，流域内共有大牲畜近 128 万头，小牲畜近 550 万头。

流域内主要城市为四平市和辽源市。四平市建成区面积 45.5 km²，市区人口 54.41 万，化工、造纸、食品加工、啤酒、机械制造为该市主要产业。辽源市建成区面积 43 km²，市区人口 38.67 万，化工、纺织、煤炭、医药、电力、建材为该市主要产业。

1.2.2 水利

辽河源头区流域现有大、中、小型湖库 129 座，其中大型 1 座（二龙山水库）、中型 19 座、小型 109 座，总库容 23.9 亿 m³；塘坝 238 处，总库容 1 350 万 m³。机电排灌 440 余处，100 kW 以上的 15 处，机电井 12 421 余眼。2008 年，全省辽河流域地表水工程供水量 5.75 亿 m³，占流域总供水量的 52.4%。

辽河源头区流域地表水资源开发利用率达 84.5%，远高于国际通用的生态警戒线（36%）。

1.2.3 污染防治设施

辽河源头区流域自"十五"时期以来，得到国债资金的大力支持，先后建成了辽源市、公主岭市、梨树县、双辽市和四平市污水处理厂，污水处理规模达 75.4 万 t/d，已建一、二级干管 216.8 km。

由于地方财政困难，除四平市污水处理厂能够正常运行外，其余污水处理厂均处于间歇运行状态，一方面设备闲置，不稳定的运行降低了污水处理效率，另一方面，生活污染负荷一直居高不下，使生活污染成为流域主要污染来源。

1.3 水环境调查分析

1.3.1 水资源紧缺

辽河源头区水资源短缺且时空分布不均，制约着水资源的开发利用和河流的自净能力。四平市和辽源市均出现过较严重的水危机，东辽河曾在 2003 年全年断流天数达 134 天。受当地水资源条件的限制，已无法建设城市水源地，不得不超采地下水和挤占农业用水以满足城市供水的需求。

辽源、四平两市是吉林省辽河源头区的经济中心区，是吉林省振兴东北老工业基地的重点地区。辽河源头区人均水资源量仅为 619 m³，是全国人均占有量的 1/4，辽河源头区共有耕地 4 064 km²，耕地用水量 463.33 m³/亩①，人均耕地 1.34 亩。伴随着种植业和养殖业的快速发展，地表水被高度开发利用、地下水被超采、大量生态用水被挤占，加之城市生活污水和工业废水排放量不断增加、面源污染扩大，水污染问题日益严峻，对供水安全和水环境安全等造成严重威胁。

吉林省辽河流域多年平均降水量为 545 mm，吉林省多年平均降水量为 611 mm，低于全省平均降水量。吉林省辽河流域是全省水土流失最严重的区域，植被覆盖率低，水源涵养能力差，加之风蚀、水蚀、冻融等自然因素，大量有机质、泥沙随地表径流进入江河水体，致使流域内水土流失严重。同时，上游水库和塘坝拦水等原因，致使河流径流量小，几乎无环境容量。其中，东辽河辽源段径流量小，多年平均流量为 4.98 m³/s，枯水期多年平均流量仅为 0.148 m³/s。

1.3.2 面源污染负荷大

据 2010 年统计，四平市汇入招苏台河、条子河、东辽河生活源和农业源 COD 排放量分别为 20 162.47 t 和 32 080.45 t，氨氮排放量分别为 2 291.94 t 和 2 481.65 t。四平市生活源和农业源 COD 排放量分别是工业点源排放量的 6.38 倍和 10.15 倍，生活源和农业源氨氮排放量分别是工业点源排放量的 22.19 倍和 24.03 倍，这说明四平市面源污染严重，城市和农村生活污染负荷远大于工业污染负荷。尤其是径流量较小的招苏台河和条子河。

据 2010 年统计，辽源市汇入东辽河生活源和农业源 COD 排放量分别为 10 122.08 t 和 2 977.61 t，氨氮排放量分别为 1 359.25 t 和 125.7 t。辽源市生活源和农业源 COD 排放量分别是工业点源排放量的 5.09 倍和 1.50 倍，生活源和农业源氨氮排放量分别是工业点源排放量的 10.91 倍和 1.01 倍，这同样说明辽源市面源污染严重，城市生活污染负荷远大于工业污染负荷。

综上所述，辽河源头区四平市和辽源市具有相似的污染源排放特征，面源有机污染负荷占主导，城市河段直排的生活污水、农村生活污水、农村生活垃圾、畜禽养殖业固体废物和粪便等对整个水体污染严重。

1.3.3 流域水质差

流域整体水质较差，重污染支流对干流污染贡献大，招苏台河和条子河呈现明显

---

① 注：1 亩=1/15 hm²。

的高污径比特征。

虽然吉林省东辽河、招苏台河和条子河流域的水污染防治工作取得了一定成效，流域水环境质量有了明显改善，出境断面水质基本达到了规划目标要求，但与水环境功能目标水质要求仍然有较大差距，劣Ⅴ类水质断面比例仍较高，总体看，水污染问题依然很严重，尤其是支流污染十分严重。2010 年，12 个国/省控断面中有 4 个断面均为劣Ⅴ类水质，占 33.3%，基本丧失其原有的使用功能。其中条子河自汇合口至省界、招苏台河自四台子以下河段、东辽河辽源市区段均为劣Ⅴ类水质，属于重度污染，总体评价辽河流域（吉林省部分）水质较差。招苏台河与条子河氨氮超标严重，2010 年氨氮平均浓度最高超标达 27.72 倍，达到重度污染。东辽河辽源段、招苏台河和条子河天然径流量小，上游来水量少，主要径流来源于城市各排污口的污水以及重污染支流的汇入，所以干流稀释与自净作用薄弱，城市排污口和重污染二级支流对干流的污染贡献很大，呈现明显的高污径比特征。所有的重污染二级支流无常规监测断面，如半截河、仙马泉河等。从 2011 年自测数据看，大部分二级支流污染严重，对东辽河和条子河的污染贡献不可忽视。如东辽河城市支流半截河的 COD 达到 150 mg/L，氨氮达到 20.8 mg/L，对气象站断面的污染贡献很大。

流域内径流量年内呈季节性变化，每年的 11 月份到次年 4 月份为枯水期。降水量少，河流径流量减少，因天气寒冷，水面封冻，复氧过程无法进行，降低了水体自净能力。如前所述，通过对各监测断面进行以月份为样本的聚类分析，可以得出，辽河源头区枯水期和冰融期污染严重。

实地调研发现，2009 年 11 月至 2010 年 4 月，东辽河气象站断面枯水期 COD 月均值为 88.15 mg/L，氨氮为 6.74 mg/L，河清断面枯水期 COD 月均值为 69.85 mg/L，氨氮为 6.37 mg/L。可见东辽河这两个断面枯水期 COD 超标严重。2009 年 11 月至 2010 年 4 月，条子河汇合口断面枯水期 COD 月均值为 77.68 mg/L，氨氮为 21.69 mg/L，林家断面枯水期 COD 月均值为 63.99 mg/L，氨氮为 18.99 mg/L。可见条子河这两个断面氨氮污染严重。这主要是由于冬季和初春，在四平市和辽源市广大农村普遍存在生活垃圾与污水、人畜粪便、秸秆稻草等在河岸边甚至是河冰面上随意倾倒和放置的情况。3 月份融冻期，冰雪融化形成春汛径流，夹带着冬天积累的农村生活垃圾、人畜粪便等污染物质随径流进入支沟和河道，加重污染支流和干流水体。以 2011 年 3 月 12 个二级支流监测数据为例，除兴开河口和卡伦河口 COD 为Ⅴ类外，其余 10 个支流入干流河口 COD 均为劣Ⅴ类，其中半截河和大梨树河均超过 150 mg/L。

1.3.4　饮用水水源地受到威胁

2009 年，因地处河流上游，四平市山门水库、下三台水库和辽源市拦河闸能够保持在Ⅲ类水质，而四平市二龙山水库水质多年来均在Ⅳ～Ⅴ类，主要污染因子是总氮、总磷，均超过饮用水水质标准。

由于流域内地表水资源较为缺乏，四平市区、梨树县、公主岭市等地的生活用水部分或大部分来自于地下水,其中农村地区以浅层地下水为主。由于农村地下水源多为沿河设置,依靠河流进行补给,受河流污染水质的影响,部分地下水源已受到严重污染,不宜作为饮用水水源。取承压水为水源的地区,因地下水超采,均出现程度不等的地下水漏斗,其中尤以四平市区和公主岭市区最为严重。

1.3.5 水生态环境脆弱

东辽河、招苏台河属季节性河流,天然径流量小。由于水资源的短缺、上游水库闸坝的拦截,造成绝大部分河道无天然径流的补给,真正成为城市的排污沟。由于上游来水量的减少,东辽河大部分河床裸露在外,条子河完全沦为排污沟。因水体污染严重,水质性缺水问题凸显,人畜饮水困难,部分地方地下水严重超采。由于河道缺少径流,即使所有的工业废水和生活污水都处理达标排放,城市河段水质也难以达到规定的功能水质标准。

如前所述,对有机污染物和氨氮迁移转化特征的研究结果可知,无污染源汇入的常温条件下东辽河有机物总量在 25 天内下降约 33%;低温条件下有机污染物在 25 天内下降约 21%;随着有机物浓度的降低,其降低速率逐渐下降至 0,尤其底质为沙石时,各类污染物含量几乎不变,说明污染物只能部分降解。而在真实水体中,污染物不断汇入,使东辽河的自净作用变得有限。对于条子河来说,有机物下降的特征与东辽河相似,且实验过程中,大量沉积物被释放到水体中,引起有机污染物含量一度升高,说明沉积物对外界条件的干扰较敏感,因此外界条件变化时,吸附在沉积物中的污染物容易被释放回水体中,说明条子河自净能力也较差。因此,源头区主要河流自净能力有限。

1.4 面源污染调查

农业面源污染是在农业生产过程中肥料、秸秆、畜禽粪便、水产养殖等生产废水及农村生活排污产生的污染,因此本研究将农业污染源划分为农村生活污染源、种植业污染源、水土流失污染源、畜禽养殖污染源、水产养殖污染源五个方面。依据《四平市统计年鉴》(1999—2009 年)、《辽源市统计年鉴》(1999—2009 年)、《吉林省环境质量公报》《吉林省水资源公报》及"第一次全国污染源普查"中的基础数据,结合实地调查与监测数据,从而获得辽河源头区各污染源的基本情况。

调查的具体内容包括:畜禽养殖量、水土流失情况、水资源总量、农村和城镇人口、化肥施用量、耕地面积、农作物种植面积及产量等。

1.4.1 农村生活污染调查

农村人口分散,人口数量众多,生活污水、生活垃圾未经处理直接排放,这使农村生活污染源成为了影响水环境的重要因素。大量生活污水的排放和生活垃圾的随意堆放，严重污染了农村地区的居住环境，使农村大部分地区河、湖等水体受到污染，饮用水水质安全受到严重威胁，直接危害农民的身体健康，极易导致一些流行性疾病的发生与传播。

辽河源头区生活污水未建立污水管网，均为直接排放；从粪便排放方式来看，辽河源头区居民多采用旱厕，环境卫生条件差，不仅蚊蝇滋生，在雨季还可能导致粪便水溢出流入河道，对地表水和地下水质构成直接威胁。

辽河源头区垃圾处理还处于原始状态，主要采取单纯填埋或野外堆放焚烧的方式，大部分农村垃圾只是随意倾倒，不仅影响了农村整体的村容村貌，而且严重污染了地表水，给村民的身体健康埋下了隐患。

根据调查，辽河源头区流域 1999 年农业总人口为 1 348 944 人，经过 10 年发展，2009 年为 1 983 206 人，流域内农村人口主要集中在梨树县、公主岭市、东辽县、双辽市，四平市区、辽源市区分布较少。辽河流域源头区内各市县人口情况详见表 1-1。

表 1-1　辽河源头区流域各地区人口发展情况一览表

项目	时间	四平地区					辽源地区		合计
		四平市区	双辽市	梨树县	公主岭市	伊通县	辽源市区	东辽县	
农业人口/人	1999	79 910	259 942	54 889	451 238	127 657	59 784	315 524	1 348 944
	2000	79 228	260 807	657 698	454 725	125 529	60 050	315 839	1 953 876
	2001	79 541	261 950	657 736	454 302	125 338	59 939	315 713	1 954 519
	2002	—	261 966	654 139	442 383	124 889	58 635	315 373	1 857 384
	2003	—	262 547	655 380	441 797	125 309	58 779	314 026	1 857 838
	2004	—	264 116	658 200	443 165	126 208	58 645	314 441	1 864 775
	2005	28 455	268 077	622 866	476 325	126 828	90 820	286 552	1 899 922
	2006	28 436	267 423	631 593	486 535	129 076	90 784	285 080	1 918 927
	2007	28 581	271 633	646 288	492 909	129 976	91 071	285 587	1 946 045
	2008	28 712	273 832	650 616	501 724	132 066	91 229	285 007	1 963 186
	2009	28 976	275 561	659 369	511 301	131 333	91 203	285 463	1 983 206
非农人口/人	1999	385 466	137 850	198 060	2 356 443	30 290	389 830	74 995	3 572 935
	2000	388 973	139 510	198 927	238 495	29 087	388 181	74 801	1 457 974
	2001	392 581	140 823	197 635	239 112	29 570	386 844	74 936	1 461 501
	2002	508 533	141 355	190 226	251 011	29 928	388 364	73 743	1 583 159
	2003	511 413	141 818	189 805	251 077	30 150	387 921	74 143	1 586 327
	2004	513 799	141 464	189 204	250 441	30 286	386 404	73 683	1 585 281
	2005	533 534	169 096	179 554	222 665	29 450	387 813	68 705	1 590 817
	2006	536 322	141 462	177 902	218 834	28 150	387 045	68 444	1 558 159
	2007	539 633	141 994	177 919	219 827	28 133	386 393	68 507	1 562 405
	2008	543 022	142 079	176 037	217 217	28 880	386 092	68 156	1 561 484
	2009	544 112	141 796	173 669	213 777	28 685	386 715	69 100	1 557 854

1.4.2 化肥污染调查

科学施肥是农业生产中极其重要的技术措施，对农村发展、农业增产、农民增收起着十分重要的作用。中国是农业古国，在肥料使用的历史上有机肥料长期占据主导地位，化肥使用仅有一百多年的历史。但近年来随着化肥的广泛使用，由此带来的大面积面源污染越发突出。化肥随水土流失及地面径流汇入流域，造成水体富营养化。我国化肥产品主要以氮肥为主、磷肥次之、钾肥严重不足。

据调查，2009 年辽河源头区农作物播种面积为 672 543 hm²（表 1-2），主要以旱地为主，农作物种植制度为一年一熟。

表 1-2　辽河源头区流域各地区种植业发展情况一览表

农作物播种 面积/hm² 时间	四平地区					辽源地区		合计
	四平市区	双辽市	梨树县	公主岭市	伊通县	辽源市区	东辽县	
1999	13 076	101 097	193 290	146 276	29 388	5 862	66 720	555 709
2000	13 004	101 097	187 902	146 237	29 401	5 667	66 292	549 600
2001	12 968	96 051	178 525	145 909	293 851	5 826	66 292	799 423
2002	12 694	95 905	176 425	145 840	29 463	5 601	66 355	532 283
2003	12 715	102 678	181 674	155 262	30 481	5 165	63 179	551 154
2004	13 862	102 879	183 079	156 424	30 519	5 314	64 325	556 402
2005	24 948	105 770	173 756	156 289	32 450	12 147	71 614	576 975
2006	24 415	122 187	195 750	155 031	32 529	12 039	67 807	609 759
2007	25 054	148 392	201 331	155 255	32 711	11 894	66 644	641 281
2008	25 049	148 762	200 189	155 331	32 622	11 948	66 758	640 659
2009	25 078	148 832	201 553	184 585	32 602	11 876	68 017	672 543

表 1-3　辽河源头区流域各地区化肥施用总量一览表

项目	时间	四平地区					辽源地区	
		四平市区	双辽市	梨树县	公主岭市	伊通县	辽源市区	东辽县
氮肥 （折存量）/ t	1999	3 139	26 306	41 184	36 253	6 692	962	11 240
	2000	2 835	22 227	38 090	34 288	6 525	1 078	11 430
	2001	3 164	19 986	41 302	36 596	6 262	1 126	10 837
	2002	3 105	20 361	42 248	37 129	5 696	1 067	12 231
	2003	3 141	20 956	42 435	37 505	6 046	994	12 418
	2004	3 292	21 520	42 364	38 677	6 202	1 132	13 405
	2005	5 886	21 429	39 575	40 105	5 842	2 552	12 358
	2006	6 404	22 962	43 453	39 610	6 265	2 956	14 664
	2007	6 445	25 090	45 900	39 719	6 599	2 726	14 819
	2008	6 667	27 832	46 037	40 144	7 180	2 855	14 892
	2009	6 943	27 663	48 336	43 359	6 079	1 903	15 439

项目	时间	四平地区					辽源地区	
		四平市区	双辽市	梨树县	公主岭市	伊通县	辽源市区	东辽县
磷肥 （折存量）/ t	1999	986	6 977	11 828	8 583	1 438	213	2 095
	2000	1 004	6 873	14 101	8 535	1 191	225	2 207
	2001	1 076	5 974	12 467	10 616	1 265	261	2 566
	2002	1 066	6 148	13 843	11 992	1 399	293	3 277
	2003	1 051	7 672	13 988	16 262	1 948	407	4 174
	2004	1 257	8 018	14 622	19 464	2 364	466	4 823
	2005	2 365	8 508	18 404	20 700	2 373	1 376	5 467
	2006	2 658	9 023	20 146	22 806	3 199	1 697	6 900
	2007	2 954	9 888	21 068	23 821	3 955	1 658	6 890
	2008	3 049	11 449	22 605	23 891	4 880	1 685	7 276
	2009	3 255	12 686	23 557	27 035	5 212	1 026	10 021
钾肥 （折存量）/ t	1999	93	712	1 623	1 868	324	28	836
	2000	75	709	1 017	1 740	366	35	806
	2001	76	564	1 048	1 441	301	50	888
	2002	80	788	1 337	1 480	249	46	944
	2003	73	715	905	1 131	239	72	826
	2004	65	816	1 448	1 150	258	65	810
	2005	123	811	839	964	197	135	657
	2006	99	880	770	849	151	143	730
	2007	68	1 003	671	754	217	145	857
	2008	58	946	1 880	756	216	150	887
	2009	95.4	1 003	684	736	196	95	591

辽河源头区流域农用化肥总施用量中氮、磷、钾的比例为 44∶24.4∶1。氮肥以硫酸铵、硝酸铵、尿素、碳酸氢铵、氨水为主。辽河源头区流域化肥施用总量为 235 914 t/a，其中氮肥为 149 722 t/a，磷肥为 82 792 t/a，钾肥为 3 400 t/a。

调查分析结果如表 1-3 和图 1-2 所示：随种植业面积的增加，化肥施用总量和强度也逐年增加；各年份化肥施用强度都远高于 225 kg/hm²。总体看，辽河流域近十年化肥施用总量由 163 380 t/a 增至 235 914 t/a，增加了 44.4%；化肥施用强度由 278.71 kg/hm² 增至 493.88 kg/hm²，增加了 77.2%。如图 1-3 所示，辽河源头区流域化肥施用量中氮肥的施用量最高，约占总化肥量的 63.5%，磷肥占总比例的 35.1%，钾肥占总比例的 1.4%。

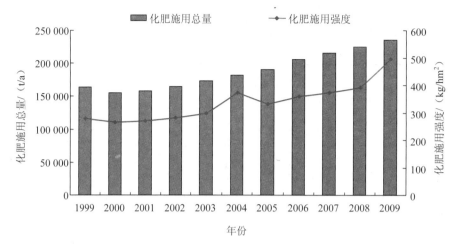

图 1-2　辽河源头区流域近十年化肥施用总量及强度趋势

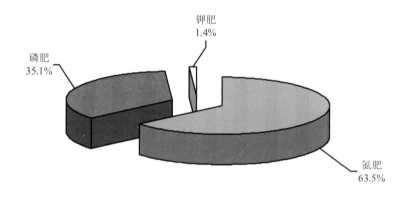

图 1-3　辽河源头区流域化肥施用中氮、磷、钾肥的比例

1.4.3　畜禽养殖污染调查

畜禽粪便用作肥料，在一定时期极大地促进了我国农业的增产丰收，然而随着近年来农业化肥的广泛使用，化肥逐步取代农家肥成为了农业的主要增收手段，人们开始忽视农家肥，因而畜禽粪便已成为了"公害"，被视为环境污染的污染源。

辽河源头区畜禽养殖规模分为养殖场、养殖小区、专业养殖户三种，畜禽种类主要包括猪、牛、羊、禽类等。近年来，随着养殖业的快速发展，辽河源头区的畜禽粪便和污水排放量剧增，养殖业给农业和农村带来的面源污染问题越来越突出。

根据 2000—2009 年各年四平和辽源统计年鉴，辽河源头区流域近十年畜禽养殖规模不断扩大，猪、牛、羊及禽类养殖数量逐年增加。近十年中，猪养殖数量由 1 789 991 头增至 4 825 340 头，增加了 1.7 倍；牛养殖数量由 773 277 头增至 1 394 825

头，增加了 80%；羊养殖数量由 618 629 头增至 902 315 头，增加了 46%；禽类养殖数量由 30 944 千只增至 64 241 千只，增加了 1.08 倍。辽河源头区流域各地区畜禽养殖业发展情况调查结果如表 1-4 所示。

表 1-4　辽河源头区流域各地区畜禽养殖业发展情况一览表

种类	时间	四平地区					辽源地区		合计
		四平市区	双辽市	梨树县	公主岭市	伊通县	辽源市区	东辽县	
猪/头	1999	32 459	272 292	597 161	610 833	69 762	36 658	170 826	1 789 991
	2000	35 719	295 407	678 688	641 557	80 948	32 682	177 220	1 942 222
	2001	38 208	264 127	681 789	438 291	110 931	31 244	166 231	1 730 822
	2002	40 187	224 468	748 316	463 464	96 641	34 672	168 890	1 776 638
	2003	42 514	320 022	785 012	420 810	98 333	35 759	175 244	1 877 694
	2004	48 817	357 758	814 904	267 071	100 515	236 180	186 134	2 011 379
	2005	81 253	373 450	1 024 086	562 384	102 515	37 442	175 616	2 356 746
	2006	79 676	412 781	1 118 000	633 611	103 528	41 656	181 083	2 570 335
	2007	86 565	540 328	1 179 348	786 905	104 589	37 653	181 087	2 916 476
	2008	194 330	764 356	1 288 577	1 232 551	105 062	38 963	190 126	3 813 965
	2009	206 847	997 352	1 672 009	1 470 708	125 970	39 044	313 410	4 825 340
牛/头	1999	9 703	104 235	182 173	200 137	79 422	7 436	190 172	773 277
	2000	11 236	79 782	200 044	202 771	90 314	9 950	187 752	781 849
	2001	11 244	111 543	192 862	161 922	108 290	6 299	186 261	778 421
	2002	13 582	119 663	200 620	184 029	91 082	6 585	190 082	805 643
	2003	15 405	125 753	212 000	173 930	97 355	9 588	207 029	841 060
	2004	14 895	138 797	228 779	121 749	98 762	10 431	221 909	835 321
	2005	28 361	148 860	296 158	160 849	98 762	17 435	203 000	953 425
	2006	27 781	148 511	385 015	172 150	99 137	17 459	217 611	1 067 664
	2007	28 490	229 720	341 695	207 555	108 448	15 359	217 626	1 148 893
	2008	38 486	231 678	356 001	218 786	109 966	12 663	224 837	1 192 417
	2009	43 570	287 707	420 919	259 781	123 582	12 983	246 283	1 394 825
羊/头	1999	22 684	344 124	96 938	110 153	15 305	6 310	23 114	618 629
	2000	21 897	321 291	115 639	111 911	16 791	5 229	23 594	616 352
	2001	22 106	274 436	139 212	90 923	20 240	5 664	26 002	578 583
	2002	24 173	222 343	151 652	109 815	21 171	8 539	26 911	564 605
	2003	30 672	269 544	164 210	130 664	19 716	7 738	27 033	649 577
	2004	29 567	303 441	180 856	90 199	20 293	7 218	29 803	661 377
	2005	36 592	306 549	181 851	93 772	21 126	7 306	27 635	674 831
	2006	36 802	325 249	195 000	82 220	21 376	7 245	29 021	696 913
	2007	40 548	329 610	213 298	113 579	21 186	8 253	27 221	753 695
	2008	42 404	386 125	227 011	119 134	21 668	9 130	27 516	832 988
	2009	45 243	398 014	255 545	137 877	25 980	10 715	28 941	902 315

种类	时间	四平地区					辽源地区		合计
		四平市区	双辽市	梨树县	公主岭市	伊通县	辽源市区	东辽县	
禽类/千只	1999	517	3 239	9 022	11 663	2 328	1 031	3 145	30 944
	2000	472	2 849	9 453	11 963	2 909	956	2 555	31 157
	2001	555	2 675	11 634	12 482	3 385	968	1 899	33 598
	2002	631	2 901	12 197	13 213	3 187	873	2 574	35 575
	2003	832	3 094	12 253	12 472	3 387	1 215	2 759	36 012
	2004	925	3 173	16 613	11 170	3 424	1 141	2 802	39 248
	2005	5 588	3 838	17 026	8 892	3 501	1 219	2 768	42 832
	2006	1 524	4 348	17 384	10 313	3 529	1 619	3 012	41 729
	2007	1 428	8 203	18 253	14 791	4 459	5 077	3 015	55 226
	2008	1 336	13 165	18 596	15 145	4 486	1 766	3 139	57 634
	2009	1 724	18 667	20 084	13 284	5 379	1 667	3 436	64 241

1.4.4　水土流失污染调查

辽河源头区流域土壤侵蚀现状严重，侵蚀动力和侵蚀类型多样，冬季广泛分布的季节性积雪融水就是其中之一。辽河源头区流域土地退化，会进一步加剧水土流失。根据吉林市水土流失遥感调查结果，辽河源头区流域实有水土流失面积 1 591 km²。其中，水蚀面积达到 702.8 km²，风蚀面积为 888.2 km²，其中风蚀面积最大，占总侵蚀面积的 55.8%。各侵蚀类型面积如表 1-5 所示。

表 1-5　辽河源头区流域水土流失情况一览表

地点	分类分级	水蚀面积/km²				风蚀面积/km²				合计/km²
		轻度	中度	强度	小计	轻度	中度	强度	小计	
四平市	市区	40.7	15.5	0.4	56.6					56.6
	东丰	263.4	181.2	36.2	480.8					480.8
	东辽	438.8	225.6	22.4	686.8					686.8
	合计	742.9	422.3	59	1 224.2					1 224.2
辽源市	市区	21.4	11.1	4.1	36.6					36.6
	梨树	77.6	32.5	7.1	117.2	50.7	12.8	8.8	72.3	189.5
	伊通	263	116.3	38.7	418					418
	双辽					352.8	198.9	182.5	734.2	734.2
	公主岭	91.4	39.6		131	74	7.7		81.7	212.7
	合计	453.4	199.5	49.9	702.8	477.5	219.4	191.3	888.2	1 591

1.4.5　水产养殖污染调查

水产养殖业是中国渔业的重要组成部分，也是渔业发展的主要增长点，随着水产养殖规模的不断壮大，水产养殖对水体环境的污染也越来越严重，大部分养殖水体均遭受了不同程度的污染，其污染主要来源于养殖生产过程中排放的大量有机和无机废物。水产养殖过程中，饵料除转化成鱼肉蛋白外，未被利用的残饵和鱼类的排泄物一部分还以固态物悬浮或沉降堆积在底泥环境中，一部分直接溶入水中或经生物排泄到水中，造成养殖水体的污染。

辽河源头区流域水产养殖业发展水平较为落后，养殖方式以池塘养殖为主，流域内工厂化养殖仅在辽源地区的东辽县有 1 户，面积 15 hm²，且该流域为内陆地区，流域内无海水养殖。目前，流域水产养殖面积达到 10 982 hm²，水产产量为 4 389 t/a，辽河源头区流域各地区水产养殖业发展情况调查结果详见表 1-6。

表 1-6　辽河源头区流域各地区水产养殖业发展情况一览表

| 项目 | 时间 | 四平地区 | | | | | 辽源地区 | | 合计 |
		四平市区	双辽市	梨树县	公主岭市	伊通县	辽源市区	东辽县	
水产养殖面积/hm²	1999	399	2 002	6 628	1 565	622	151	1 715.6	13 082.6
	2000	395	1 945	6 625	1 573	622	151	1 716	13 028
	2001	240	438	6 414	1 159	279	151	1 716	10 397
	2002	305	219	6 331	1 159	296	151	1 756	10 217
	2003	148	233	6 215	1 159	319	151	1 760	9 984
	2004	100	995	705	1 081	369	153	1 790	5 194
	2005	280	573	6 215	1 083	652	153	1 777	10 733
	2006	501	607	5 899	1 136	705	265	1 734	10 847
	2007	441	620	5 859	1 196	664	911	1 788	11 479
	2008	710	619	5 510	1 320	689	866	1 788	11 502
	2009	559	619	5 725	1 320	700	867	1 192	10 982
水产产量/（t/a）	1999	138	1 150	2 387	1 433	497	57	1 185	6 847
	2000	150	1 113	2 296	1 515	327	50	1 054	6 504
	2001	70	450	1 434	533	160	50	931	3 628
	2002	113	68	1 425	467	171	50	825	3 118
	2003	119	78	1 456	467	187	50	758	3 115
	2004	110	75	623	488	195	65	854	2 410
	2005	155	34	1 147	515	228	80	817	2 976
	2006	192	41	1 507	672	263	80	891	3 646
	2007	148	87	1 400	954	304	244	1 043	4 180
	2008	163	149	1 532	1 042	471	320	1 053	4 730
	2009	72	160	1 583	1 050	472	331	721	4 389

第2章

重污染流域面源污染负荷估算

面源污染是指在降雨径流的冲刷和淋溶作用下，大气、地面和土壤中的溶解性或固体污染物质（如大气悬浮物、城市垃圾、土壤中的化肥、农药、重金属，以及其他有毒有害物质等），进入江河、湖泊、水库和海洋等水体而造成的水环境污染[1]。面源污染的特点简单地说，就是不确定时间、不确定途径、不确定量。

面源污染已成为水环境的一大污染源。自20世纪70年代被提出和证实以来，面源污染对水体污染所占比重随着对点源污染的大力治理呈大幅度上升趋势。但由于面源污染来源的复杂性、机理的模糊性和形成的潜伏性，需要考虑流域内的地形条件、土壤类型、农药和化肥的施用量、农作物生长季节和农村居民的生产生活方式等，因此在研究和控制面源污染方面具有较大的难度。

农业面源污染来源复杂、污染机理模糊、时空分布差异大，同时实地监测难度大、费用高，因此难以准确定量化估算其污染负荷。本研究对农业面源污染负荷的评价采用估算、以点带面的方法，即通过不同污染来源、降水径流等资料数据对农业面源污染负荷进行估算。

近年来，面源污染已成为我国水体污染的主要来源，其中又以农业面源贡献最大。为探究辽河源头区流域农业面源污染程度，本研究运用排污系数法估算了1999—2009年流域面源污染负荷，对 COD、TN、TP 和氨氮的污染负荷变化趋势进行分析，应用等标污染负荷法对流域农业面源污染状态进行了评价，以此探究辽河源头区面源污染的空间、时间分布特征，为流域面源污染控制决策提供科学依据。

2.1 辽河源头区面源污染排放量和入河量估算

2.1.1 农村生活污染源

农村生活污染来源于生活污水、生活垃圾和人体粪尿三部分。农村生活污水主要包括厨房、沐浴、洗涤用水。农村生活垃圾指在农村日常生活过程中产生的固体废物，分为有机垃圾、可回收垃圾、有害垃圾和其他垃圾。

农村生活污染的形成通常经历如下三个过程：第一，产生污染物。在农村日常生活中，会产生大量生活污水、生活垃圾和人体粪尿。第二，生活污染物流失到周围环境中。不是所有的生活污染物都能流失到环境中。人体粪尿可以作为有机肥还田或生产沼气；生活污水和生活垃圾可以进入污水处理厂及垃圾处理厂处理，未被处理利用的生活污染物才会流失到环境中，称为流失量，流失量和产生量的比率就是流失率。第三，流失到环境中的生活污染物进入水体。

（1）农村生活污染负荷估算方法

由于不是所有流失出来的生活污染物都能进入水体，养殖场周围是否有河道，距河道的距离和坡度、途中的植被覆盖情况等都是影响因素，一部分污染物在进入河道的途中被消融掉。农村生活面源污染负荷估算分为三个步骤，首先估算产生的污染物，称为输入量（或产生量）；然后估算流失到周围环境中的污染物，称为输出量（或排放量）；最后估算进入水体的入河量。本书将农村生活面源污染划分为生活污水（包括人体排泄物）、生活垃圾两部分。农村生活污染物入河量估算公式如下：

$$L_{生活源}=P\times365\times\rho_{生活污水}\times\lambda_{生活}+P\times\beta\times365\times\rho_{生活垃圾}\times\alpha\times\lambda_{生活} \qquad (2\text{-}1)$$

式中：$L_{生活源}$——农村生活污染物入河量，t/a；

P——农村常住人口数，万人；

$\rho_{生活污水}$——人均生活污水流失系数，g/（d·人）；

$\rho_{生活垃圾}$——人均生活垃圾流失系数，g/（d·人）；

α——堆存垃圾氮磷负荷，kg/t；

β——人均垃圾产生系数，kg/（d·人）；

$\lambda_{生活}$——农村生活污染物入河系数。

（2）农村生活污染物排放量

辽河源头区 1999—2009 年农村生活污染源污染物 COD 平均排放量为 39 297.99 t/a、氨氮平均排放量 3 480.68 t/a、总氮平均排放量 5 458.16 t/a、总磷平均排放量 701.88 t/a（表 2-1）。

表 2-1　1999—2009 年辽河源头区生活污染源污染物平均排放量　　单位：t/a

污染物	四平地区					辽源地区		合计
	四平市区	双辽市	梨树县	公主岭市	伊通县	辽源市区	东辽县	
COD	709.53	5 440.49	13 283.72	9 581.54	2 609.28	1 506.87	6 166.57	39 297.99
氨氮	62.84	481.87	1 176.56	848.65	231.11	133.47	546.18	3 480.68
总磷	12.67	97.17	237.25	171.13	46.60	26.91	110.14	701.88
总氮	99.13	760.11	1 823.59	1 338.68	364.55	210.53	861.56	5 458.16

（3）农村生活污染物入河量

计算辽河源头区流域各市县农村生活污水及生活垃圾入河量，把生活污水污染物入河量与生活垃圾污染物入河量加和，即得到农村生活源污染物入河总量。经计算，辽河源头区流域 COD 平均入河 12 782.08 t/a，总氮入河 1 132.13 t/a，总磷入河 228.26 t/a，氨氮入河 1 494.5 t/a（表 2-2）。

表 2-2 辽河源头区流域 1999—2009 年农村生活源污染物平均入河量　　　单位：t/a

区域	生活污水				生活垃圾			入河总量			
	COD	总氮	总磷	氨氮	总氮	总磷 (×10⁻³)	氨氮 (×10⁻⁶)	COD	氨氮	总磷	总氮
四平市区	234.14	25.92	4.18	20.74	2.04	0.213	0.022	234.14	27.96	4.18	20.74
双辽市	1 632.15	180.7	29.15	144.56	14.2	1.687	0.204	1 632.15	194.9	29.15	144.56
梨树县	4 117.95	455.92	73.53	364.73	3.53	0.453	0.055	4 117.95	459.45	73.54	364.73
公主岭市	2 682.83	297.03	47.91	237.62	20.84	2.479	0.300	2 682.83	317.87	47.91	237.62
伊通县	1 076.33	119.16	19.22	95.33	9.36	1.11	0.134	1 076.33	128.53	19.22	95.33
辽源市区	596.72	66.07	10.66	52.85	5.77	0.696	0.085	596.72	71.83	10.66	52.85
东辽县	2 441.96	270.36	43.61	216.29	23.61	2.787	0.335	2 441.96	293.97	43.61	216.29
流域合计	12 782.08	1 415.16	228.25	1 132.13	79.34	9.424	1.130	12 782.08	1 494.5	228.26	1 132.13

2.1.2　种植业污染源

种植业面源污染的形成通常经历如下三个过程：第一，施肥过程。在耕作前及耕作中施入化肥和有机肥。施入的肥料中的氮素、磷素称为产生量。第二，流失过程。在农田灌溉或有降水发生时，土壤中一部分尚未被作物吸收利用的氮素和磷素在雨水的冲刷下，随地表径流流失到农田以外，称为地表径流流失；与此同时，也会随下渗水向土壤深层移动，如果超过了作物根系，则不再能被作物吸收利用，有可能到达和污染地下水，称为地下淋溶流失。流失量和产生量的比率就是肥料流失率。第三，入河过程。流失到农田以外的氮素和磷素随水流和泥沙进入附近的河道，污染地表水。进入水体的污染物称为入河量，流失量与入河量的比率就是入河系数。

与此相对应，种植业面源污染负荷估算也分为三个步骤，首先是统计和估算施入到农田的氮素和磷素，称为输入量（或产生量）；然后估算流失到农田周围沟渠中以及淋失到土壤深层的污染物，称为输出量（或排放量）；最后是估算进入水体的入河量。估算模型分别如下：

（1）种植业污染物估算方法

肥料有两种流失方式：第一，随下渗的水分向土壤深层迁移，污染地下水，即地下淋溶方式。第二，当降水强度大于土壤入渗能力时或当农田排水时，发生土壤侵蚀，产生地表径流，土壤氮素、磷素随地表径流和泥沙向地表水体迁移，即地表径流方式。

本书计算种植业面源污染负荷考虑地表径流污染和地下淋溶污染两个方面计算公式如下：

$$L_{种植业}=M×λ_{种植}（ρ_{地表径流}+ρ_{地下淋溶}）\qquad(2\text{-}2)$$

式中：$L_{种植业}$ —— 种植业污染物入河量，t/a；

　　　M —— 化肥施用量（纯量），t/a；

　　　$ρ_{地表径流}$ —— 地表径流肥料流失系数，%；

　　　$ρ_{地下淋溶}$ —— 地下淋溶肥料流失系数，%；

　　　$λ_{种植}$ —— 种植业污染物入河系数。

（2）种植业污染源污染物排放量

辽河源头区 1999—2009 年种植业总氮平均流失量为 101 979.96 t/a，其中地表径流总氮流失量为 44 353.85 t/a，地下淋溶总氮流失量为 57 626.1 t/a；总磷平均流失量为 11 711.11 t/a，其中地表径流总磷平均流失量为 7 190.38 t/a，地下淋溶总磷平均流失量为 4 520.73 t/a；氨氮平均流失量为 12 848.54 t/a，其中地表径流氨氮平均流失量为 7 014.22 t/a，地下淋溶氨氮平均流失量为 5 834.32 t/a（表 2-3）。

表 2-3　1999—2009 年辽河源头区种植业污染平均排放量　　　　　单位：t/a

污染来源	污染物	四平地区					辽源地区		合计
		四平市区	双辽市	梨树县	公主岭市	伊通县	辽源市区	东辽县	
地表径流	总氮	1 577.94	7 927.65	14 564.39	13 094.14	2 145.98	598.47	4 445.27	44 353.85
	总磷	253.17	1 138.93	2 280.27	2 366.72	357.06	113.71	680.50	7 190.38
	氨氮	249.54	1 253.70	2 303.25	2 070.74	339.37	94.64	702.99	7 014.22
地下淋溶	总氮	2 050.12	10 299.89	18 922.58	17 012.38	2 788.14	777.56	5 775.45	57 626.11
	总磷	159.17	716.07	1 433.65	1 488.01	224.49	71.49	427.85	4 520.73
	氨氮	207.56	1 042.81	1 915.80	1 722.41	282.28	78.72	584.73	5 834.32
总流失	总氮	3 628.06	18 227.54	33 486.98	30 106.52	4 934.12	1 376.03	10 220.72	101 979.96
	总磷	412.35	1 855.00	3 713.92	3 854.73	581.56	185.21	1 108.35	11 711.11
	氨氮	457.10	2 296.50	4 219.05	3 793.14	621.65	173.37	1 287.72	12 848.54

（3）种植业污染源污染物入河量

经计算，辽河源头区 1999—2009 年种植业污染物平均总氮入河量为 1 786.99 t/a，总磷入河量为 291.10 t/a，氨氮入河量为 282.60 t/a（表 2-4）。

表 2-4　1999—2009 年辽河源头区流域种植业平均污染物入河量　　　　　单位：t/a

区域	氨氮	总磷	总氮
四平市区	17.97	18.23	113.61
双辽市	15.04	13.67	95.13
梨树县	82.92	82.09	524.32

区域	氨氮	总磷	总氮
公主岭市	62.12	71.00	392.82
伊通县	35.63	37.49	225.33
辽源市区	8.18	9.82	51.71
东辽县	60.74	58.80	384.07
流域合计	282.60	291.10	1 786.99

2.1.3 畜禽养殖污染源

畜禽养殖业面源污染的形成通常经历如下三个过程：

第一，产生畜禽粪便。畜禽在养殖过程中会产生粪便，不同种类的畜禽以及同一种类的畜禽在不同饲养阶段产生的粪便量是不同的。同时，用水冲洗饲养圈舍、饲养器具等会产生携带粪便和食物残渣等污染物的污水。

第二，畜禽粪便和污水流失到周围环境中。不是所有的粪便和污水都能流失到环境中。一部分粪便返回农田，用作有机肥料；一部分进入沼气池，用于生产沼气；一部分经过污水处理设施被净化。对海河流域畜禽养殖的调查发现，对畜禽粪便基本采用干清的方式，作为有机肥还田。对畜禽污水，只有少数规模大的养殖场有污水处理设施，绝大多数养殖场未作任何处理直接排放。未被处理利用的畜禽养殖污染物才会流失到环境中，称为排放量。

第三，流失到环境中的畜禽粪便和污水进入水体。畜禽养殖污染物进入水体的方式有两种，一是未经处理利用的粪便堆放到养殖场周围空地，在雨水的冲刷下，进入附近水体或者淋溶到地下；二是清洗饲养圈舍、饲养器具等产生的污水未经处理直接排入周围河道。

（1）畜禽养殖污染源负荷估算方法

根据畜禽养殖业面源污染形成过程，畜禽养殖产生的粪便及粪便中污染物的含量乘以流失系数为流失到周围环境中的污染物的量即为排放量，具体估算方法如下所示：

$$L_{畜禽养殖}=Q\times\rho_{粪便}\times\gamma\times\rho_{畜禽加权}\times\lambda_{畜禽养殖} \tag{2-3}$$

式中：$L_{畜禽养殖}$——畜禽养殖污染物入河量，t/a；

Q——畜禽数量，只；

$\rho_{粪便}$——畜禽粪便排泄系数，kg/（只·d）；

γ——畜禽粪便污染物含量，%；

$\rho_{畜禽加权}$——畜禽污染物加权平均流失系数；

$\lambda_{畜禽养殖}$——畜禽养殖污染物入河系数。

（2）畜禽养殖污染物排放量

辽河源头区 1999—2009 年畜禽养殖污染源 COD 平均排放量为 87 576.56 t/a、氨氮平均排放量为 10 489.87 t/a、总氮平均排放量为 31 312.33 t/a、总磷排放量为 2 935.20 t/a（表 2-5）。

表 2-5　1999—2009 年辽河源头区畜禽养殖污染物平均排放量　　单位：t/a

污染物	四平地区					辽源地区		合计
	四平市区	双辽市	梨树县	公主岭市	伊通县	辽源市区	东辽县	
COD	2 556.15	14 762.07	30 540.51	21 757.82	5 624.43	1 723.21	10 612.38	87 576.56
氨氮	283.51	1 765.76	3 450.44	2 408.71	794.58	171.21	1 615.66	10 489.87
TN	882.45	5 230.56	10 646.74	7 650.78	2 155.45	587.89	4 158.46	31 312.33
TP	83.77	479.94	986.04	715.84	221.03	60.91	387.67	2 935.20

辽河源头区 1999—2009 年畜禽养殖业污染物 COD 平均入河量为 22 993.76 t/a，TN 入河量为 8 261.99 t/a，TP 平均入河量为 776.44 t/a，氨氮平均入河量为 2 795.23 t/a（表 2-6）。

表 2-6　1999—2009 年辽河源头区流域畜禽养殖污染物平均入河量　　单位：t/a

区域	COD	氨氮	TP	TN
四平市区	644.15	71.45	21.11	222.38
双辽市	3 542.90	423.78	115.19	1 255.33
梨树县	8 429.18	952.32	272.15	2 938.50
公主岭市	4 351.56	481.74	143.17	1 530.16
伊通县	1 940.43	274.13	76.26	743.63
辽源市区	570.73	56.70	20.17	194.71
东辽县	3 514.82	535.11	128.39	1 377.28
流域合计	22 993.76	2 795.23	776.44	8 261.99

2.1.4　水产养殖污染源

水产养殖过程中，除了饵料转化成鱼肉蛋白外，养殖过程中未被利用的残饵和鱼类的排泄物一部分以固态物悬浮或沉降堆积在底泥环境中，一部分直接溶入水中或经生物排泄到水中，造成养殖水体的污染。水产养殖污染集产排于一体。

（1）水产养殖污染负荷估算方法

辽河源头区流域水产养殖方式以池塘养殖为主，且流域为内陆地区，无海水养殖。因此，水产养殖污染负荷量计算公式如下：

$$L_{水产养殖} = S \times \rho_{水产养殖} \times \lambda_{水产养殖} \qquad (2\text{-}4)$$

式中：$L_{水产养殖}$——水产养殖业污染物入河量，t/a；

　　　S——水产总量，t；

　　　$\rho_{水产养殖}$——水产养殖污染物流失系数，g/kg；

　　　$\lambda_{水产养殖}$——水产养殖污染物入河系数。

（2）水产养殖污染物排放量和入河量

辽河源头区 1999—2009 年水产养殖污染物 COD 平均排放 123.83 t/a，TN 排放量为 13.460 t/a、TP 排放量为 1.449 t/a、氨氮排放量为 5.369 9 t/a，水产养殖业入河系数以 100% 计，排放量为其入河量（表 2-7）。

表 2-7　1999—2009 年辽河源头区流域水产养殖污染物平均入河量　　　单位：t/a

区域	入河总量			
	COD	TN	TP	NH₄-N
四平市区	3.89	0.423	0.046	0.168 6
双辽市	9.26	1.006	0.108	0.401 5
梨树县	45.65	4.962	0.534	1.979 7
公主岭市	24.84	2.700	0.291	1.077 2
伊通县	8.90	0.968	0.104	0.386 2
辽源市区	3.74	0.407	0.044	0.162 4
东辽县	27.55	2.994	0.322	1.194 7
流域合计	123.83	13.460	1.449	5.369 9

2.1.5　辽河源头区面源污染负荷总量

辽河源头区面源污染物年平均入河量 COD 35 899.68 t，其中四平地区面源污染物贡献 80.07%，辽源地区面源污染物贡献 19.93%；TN 入河量 11 556.95 t/a，其中四平地区面源污染物贡献 79.43%，辽源地区面源污染物贡献 20.57%；TP 入河量 1 297.259 t/a，其中四平地区面源污染物贡献 79.05%，辽源地区面源污染物贡献 20.95%；氨氮入河量为 4 215.32 t/a，其中四平地区面源污染物贡献 77.91%，辽源地区面源污染物贡献 22.09%。辽河源头区面源污染物排入各支流情况见图 2-1。

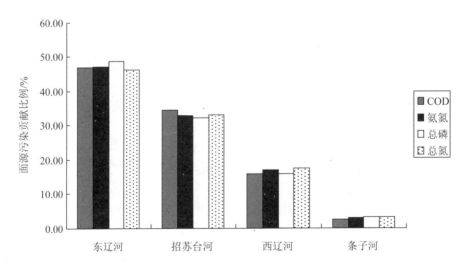

图 2-1　辽河源头区面源污染物排入各支流的比例

2.2　不同面源污染物分源特征及趋势分析

2.2.1　TN 负荷各污染源特征及趋势分析

辽河源头区面源污染 TN 负荷量 1999—2001 年呈现下降的趋势，到 2001 年辽河源头 TN 入河 9 196.597 t，为最低值，分析发现，1999—2001 年，由于辽河源头区畜禽养殖业出现了短暂的发展停滞，该地区的畜禽养殖量 3 年间逐年递减，由该污染源带来的 TN 污染也呈现出了一致的逐年递减趋势，而农村人口、种植业施肥量、水产养殖量在这 3 年间均趋于稳定小幅增长状态，因而三大污染源带来的 TN 污染也呈现出了稳定小幅增长的趋势。由于畜禽养殖业带来的 TN 贡献减弱趋势远强于另外三大污染源的增长趋势，因而辽河源头区面源污染的 TN 负荷量自 1999 年开始逐年降低，2001年达到最低值；自 2002 年开始，辽河源头区流域面源的 TN 污染负荷量逐年增加，由 9 675.471 t 增加至 2009 年的 16 988.310 t，增长了 75.58%。2002—2009 年的 8 年间，辽河源头区的农村人口数由 1 857 384 人增长至 1 983 206 人，增长了 6.77%；种植业的施肥量（折纯后）由 12 231 t 增长至 15 439 t，增长了 26.23%；畜禽养殖业的猪、牛、羊、家禽养殖量分别由 1 776 638 头、805 643 头、564 605 只、35 575 千只增长至 4 825 340头、1 394 825 头、902 315 只、64 241 千只，增长率分别为 171.60%、73.13%、59.81%、80.58%；水产养殖业的水产产量由 2002 年的 3 118 t 增加至 4 389 t，增加了 40.76%。由于辽河源头区面源 TN 的四大污染源在 2002—2009 年均呈现出了逐年发展的趋势，因此辽河源头区的 TN 负荷呈现出了一致的发展趋势，即逐年增加（图 2-2）。

总的来说，流域 TN 负荷的污染结构并未发生质的改变，即畜禽养殖业均是流域TN 负荷的主要贡献源，农村生活源次之，再次是种植业，但是畜禽养殖业的贡献有加重的趋势，因此在制定流域 TN 控制措施的时候要重点控制畜禽养殖业（图 2-3）。

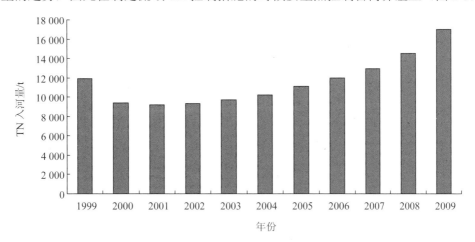

图 2-2　1999—2009 年辽河源头区 TN 负荷总量变化

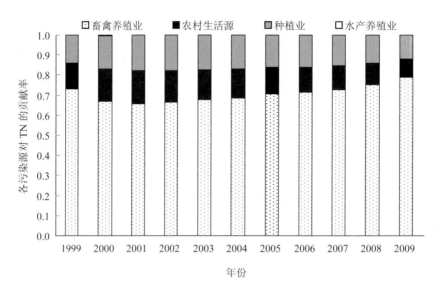

图 2-3　各污染源对 TN 的贡献率变化趋势

2.2.2　TP 负荷各污染源特征及趋势分析

辽河源头区面源污染 TP 负荷量 1999—2001 年基本趋于稳定，自 2002 年开始大幅增长。分析发现，1999—2001 年，辽河源头区畜禽养殖业发展一度出现停滞，畜禽养殖量出现减少的趋势，由该污染源带来的 TP 污染也呈现出一致的递减趋势；农村人口、种植业施肥量、水产养殖量 3 年间均趋于稳定小幅增长，由该污染源带来的 TP 负荷因此呈现出一致的小幅增长趋势。由于畜禽养殖业的 TP 贡献量减弱趋势与其他三大污染源增长趋势的抵消作用，辽河源头区的面源污染 TP 负荷 1999—2001 年基本趋于稳定。

2002 年开始，辽河源头区的农村人口、种植业施肥量、水产养殖量、畜禽养殖量均稳步大幅增长，因此 2002—2009 年辽河源头区流域面源的 TP 负荷呈现出与 TN 一致的趋势，即大幅度逐年增长（图 2-4）。

通过对各污染源对 TP 的贡献率变化趋势分析，辽河源头区的 TP 负荷主要来源于畜禽养殖业，其 11 年间的贡献率均高于 0.5，且其逐年变化呈现出与流域 TP 一致的变化趋势；水产养殖业对流域贡献很小，其贡献率在 0.001 左右；种植业对流域 TP 的贡献率逐年增加，这与辽河流域逐年骤增的磷肥施用量有直接关系。分析发现，辽河源头区 1999 年施用磷肥（折纯后）30 025 t，2009 年施用量 72 771 t，施用量增长了 142.37%，磷肥施用带来的 TP 负荷增长了 198.5%。

总的来说，流域 TP 负荷的污染结构发生了质的改变（图 2-5），畜禽养殖业均是流域 TP 负荷的主要贡献源，但是农村生活源与种植业的贡献呈现出此消彼长的态势，农村生活源的 TP 贡献在 1999 年仅次于畜禽养殖业，位于第二位，而 2009 年屈居于第三位，位于畜禽养殖业与种植业之后；而种植业由 1999 年的第三位上升为 2009 年的第二位，增长趋势显著，因此在流域治理重点控制畜禽养殖业的同时，更要关注种植业对流域 TP 的贡献。

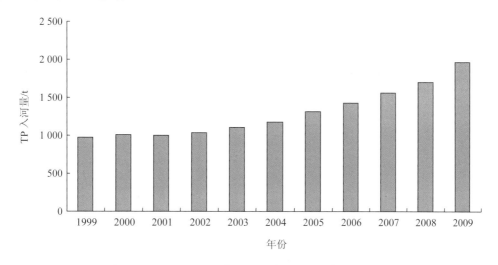

图 2-4　1999—2009 年辽河源头区 TP 负荷总量变化

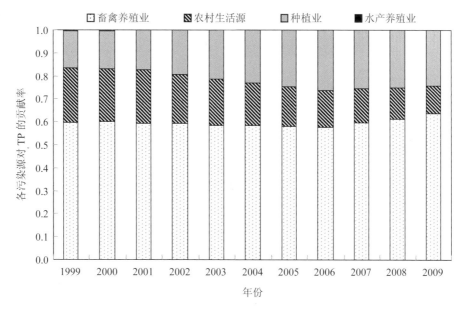

图 2-5　各污染源对 TP 的贡献率变化趋势

2.2.3　COD 负荷各污染源特征及趋势分析

辽河源头区面源污染 COD 负荷量 1999—2001 年基本趋于稳定，自 2002 年开始大幅增长。分析发现，1999—2001 年，辽河源头区畜禽养殖业养殖量的递减引起了该源带来的 COD 污染呈现出一致的递减趋势；农村人口、种植业施肥量、水产养殖量 3 年间均趋于稳定小幅增长，由该污染源带来的 COD 负荷因此呈现出一致的小幅增长趋势。由于畜禽养殖业的 COD 贡献量减弱趋势与其他三大污染源增长趋势的抵消作用，辽河源头区的面源污染 COD 负荷 1999—2001 年基本趋于稳定。2002 年开始，辽河源头区的农村人口、种植业施肥量、水产养殖量、畜禽养殖量均稳步大幅增长，因此 2002—2009 年辽河源头区流域面源的 COD 负荷呈现出与 TN、TP 一致的趋势，即逐年大幅度增长（图 2-6）。

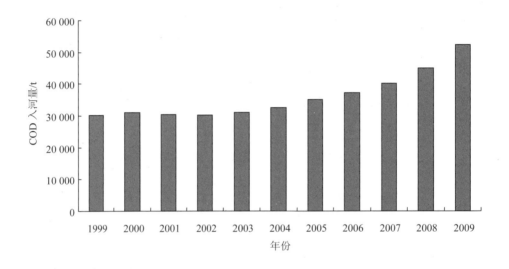

图 2-6   1999—2009 年辽河源头区 COD 负荷总量变化

　　辽河源头区流域的 COD 负荷主要来源于畜禽养殖业，其对流域 COD 的贡献率 11 年间均高于 0.5，且其逐年变化趋势与流域 COD 逐年变化趋势一致；农村生活源带来的 COD 负荷贡献率呈现减少的趋势，分析发现，由于辽河源头区流域农村人口数 11 年间趋于稳定状态，因而其带来的 COD 负荷亦呈现出了稳定的趋势，而流域 COD 总量在 11 年间增长迅速，因此农村生活源对流域的 COD 贡献呈现出了减少的趋势。由此可以看出，11 年间，流域 COD 负荷的污染结构并未发生质的改变，即畜禽养殖业一直是流域 COD 负荷的主要贡献源，农村生活源次之，但是畜禽养殖业的贡献有加重的趋势（图 2-7），因此在制定流域 COD 控制措施的时候更要重点控制畜禽养殖业。

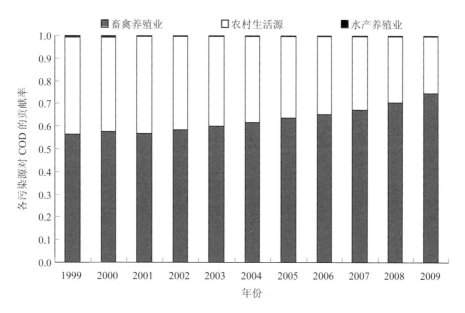

图 2-7　各污染源对 COD 的贡献率变化趋势

2.2.4　NH$_4$-N 负荷各污染源特征及趋势分析

辽河源头区面源污染氨氮负荷量与 TP、COD 呈现出一致的变化趋势，即 1999—2001 年基本趋于稳定，自 2002 年开始大幅增长。分析发现，1999—2001 年，辽河源头区畜禽养殖业养殖量的递减引起了该源带来的氨氮污染呈现出一致的递减趋势；农村人口、种植业施肥量、水产养殖量 3 年间均趋于稳步小幅增长，由该污染源带来的氨氮负荷因此呈现出一致的小幅增长趋势。由于畜禽养殖业的氨氮贡献量减弱趋势与其他三大污染源增长趋势的抵消作用，辽河源头区的面源污染氨氮负荷 1999—2001 年基本趋于稳定。2002 年开始，辽河源头区的农村人口、种植业施肥量、水产养殖量、畜禽养殖量均稳步大幅增长，因此 2002—2009 年辽河源头区流域面源的氨氮负荷呈现出与 COD、TN、TP 一致的趋势，即逐年大幅度增长（图 2-8）。

辽河源头区流域的氨氮负荷主要来源于畜禽养殖业，其对流域氨氮的贡献率 11 年间均高于 0.6，且其逐年变化趋势与流域氨氮逐年变化趋势一致；农村生活源带来的氨氮负荷贡献率呈现减少的趋势，分析发现，由于辽河源头区流域农村人口数 11 年间趋于稳定状态，因而其带来的氨氮负荷亦呈现出了稳定的趋势，而流域氨氮总负荷在 11 年间大幅增长，因此农村生活源对流域的氨氮贡献呈现出了减少的趋势（图 2-9）。

总的来说，辽河源头区流域氨氮负荷的污染结构并未发生质的改变，即畜禽养殖业均是流域氨氮负荷的主要贡献源，农村生活源次之，但是畜禽养殖业的贡献有加重的趋势，因此在制定流域氨氮控制措施的时候更要重点控制畜禽养殖业。

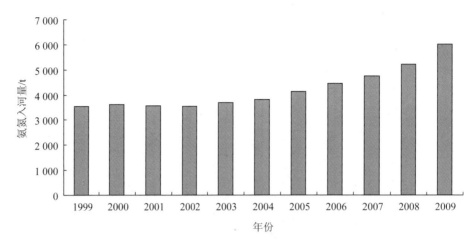

图 2-8　1999—2009 年辽河源头区 $NH_4\text{-}N$ 负荷总量变化

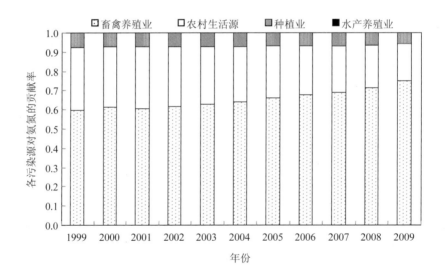

图 2-9　各污染源对氨氮的贡献率变化趋势

2.3　面源污染负荷空间分布特征分析

由于各地区产业结构及发展速度的不同,各地面源污染负荷的分布情况及变化趋势呈现出差异性,图 2-10 至图 2-13 给出了辽河源头区自 1999 年以来不同污染物的空间部分特征。

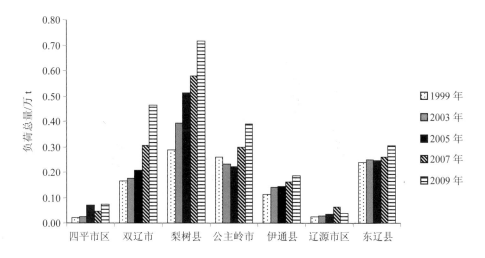

图 2-10 辽河源头区 TN 污染负荷空间分布图（1999—2009 年）

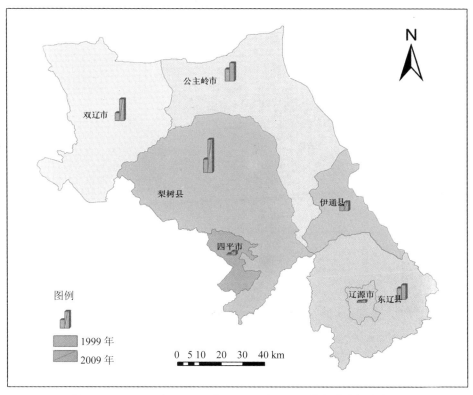

图 2-11 辽河源头区 1999 年、2009 年 TN 污染负荷空间分布图

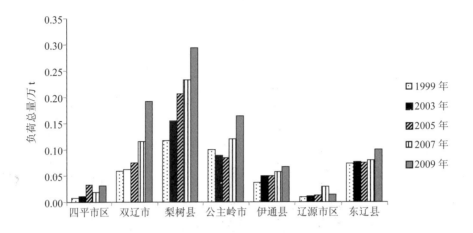

图 2-12　辽河源头区 TP 污染负荷空间分布图（1999—2009 年）

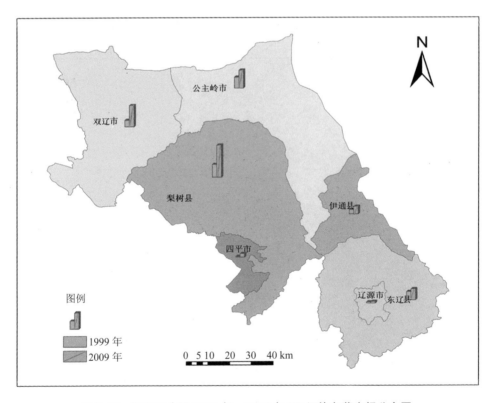

图 2-13　辽河源头区 1999 年、2009 年 TP 污染负荷空间分布图

2.3.1　TN 负荷空间分布特征分析

从空间分布上来说，梨树县、公主岭市、东辽县、双辽市 TN 污染负荷总量居于辽河源头区前列，该四个市县农村人口众多、农业生产发达，因此污染输出负荷较大。双辽市、梨树县、伊通县、东辽县 TN 污染负荷呈现出相似的发展趋势，即逐年上升趋势；公主岭市则呈现出先下降后上升的趋势；辽源市区 TN 污染负荷自 1999 年开始逐年增加，2007 年开始呈现出下降的趋势，这主要是因为该市属能源耗竭城市，自采煤区塌陷之后，该市农业生产水平发展缓慢。1999 年源头区 TN 污染负荷总量呈现梨树县＞公主岭市＞东辽县＞双辽市＞伊通县＞辽源市区＞四平市区，2009 年则呈现梨树县＞双辽市＞公主岭市＞东辽县＞伊通县＞四平市区＞辽源市区；四平市区、双辽市、梨树县的 TN 贡献率分别从 1.99%、14.92%、26.00% 上升到 3.48%、21.32%、3.96%，而公主岭市、伊通县、辽源市区、东辽县的 TN 贡献率则分别从 23.33%、10.08%、2.21%、21.47% 下降到 17.95%、8.52%、1.71%、14.06%，体现出不同地区农业发展程度的差异性，说明辽河源头区七个市县 TN 污染负荷空间分布变化趋势显著（图 2-10、图 2-11）。

2.3.2　TP 负荷空间分布特征分析

从空间分布上来说，辽河源头区 TP 污染负荷的空间分布与 TN 呈现出相同的趋势，即污染负荷十多年来一直集中在梨树县、公主岭市、双辽市及东辽县，多年平均负荷总量分别为 1 888.68 t/a、1 047.68 t/a、876.76 t/a 及 780.78 t/a。双辽市、梨树县、伊通县、东辽县 TP 污染负荷均呈现出逐年上升的发展趋势；公主岭市则呈现出先下降后上升的趋势；辽源市区 TP 污染负荷逐年上升至 2007 年后急剧下降。1999 年源头区 TP 污染负荷总量呈现梨树县＞公主岭市＞东辽县＞双辽市＞伊通县＞辽源市区＞四平市区，2009 年 TP 则呈现梨树县＞双辽市＞公主岭市＞东辽县＞伊通县＞四平市区＞辽源市区；四平市区、双辽市、梨树县的 TP 贡献率分别从 1.82%、14.53%、28.95% 上升到 3.68%、22.34%、33.98%，而公主岭市、伊通县、辽源市区、东辽县的 TP 贡献率则分别从 24.82%、9.25%、2.43%、18.20% 下降到 18.94%、7.83%、1.67%、11.56%，七个市县 TP 污染负荷空间分布变化趋势显著（图 2-12、图 2-13）。

2.3.3　COD 负荷空间分布特征分析

从空间分布上来说，梨树县、公主岭市、东辽县多年平均 COD 污染负荷总量居于辽河源头区前列，双辽市、梨树县、伊通县、东辽县 COD 污染负荷呈现出相似的发展趋势，即逐年上升趋势；公主岭市则呈现出先下降后上升的趋势；辽源市区 COD 污染负荷逐年上升至 2007 年后急剧下降。1999 年源头区 COD 污染负荷总量呈现梨树县＞公主岭市＞东辽县＞双辽市＞伊通县＞辽源市区＞四平市区，2009 年 COD 则呈现梨树县＞双辽市＞公主岭市＞东辽县＞伊通县＞四平市区＞辽源市区的趋势；四平市区、双辽市、梨树县的 COD 贡献率分别从 2.02%、13.25%、25.57% 上升到 3.49%、19.86%、33.39%，而公主岭市、伊通县、辽源市区、东辽县的 COD 贡献率则分别从 23.48%、10.36%、2.29%、23.04% 下降到 18.59%、8.25%、1.67%、14.75%，七个市县 COD 污染负荷空间分布变化趋势显著（图 12-14、图 2-15）。

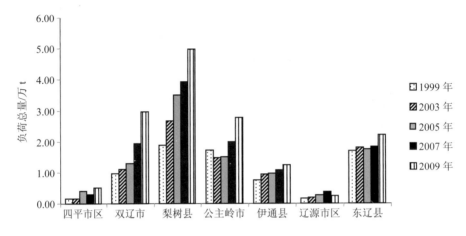

图 2-14　辽河源头区 COD 污染负荷空间分布图（1999—2009 年）

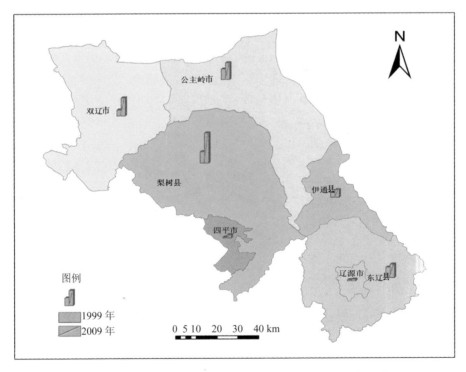

图 2-15　辽河源头区 1999 年、2009 年 COD 污染负荷空间分布图

2.3.4　NH₄-N 负荷空间分布特征分析

从空间分布上来说，梨树县、公主岭市、东辽县、双辽市氨氮污染负荷总量居于辽河源头区前列，该4个市县农村人口众多、畜禽养殖业发达，因此污染输出负荷较大。双辽市、梨树县、伊通县、东辽县氨氮污染负荷均呈现出逐年上升的趋势；公主岭市则呈现出先下降后上升的趋势；辽源市区氨氮污染负荷自1999年开始逐年增加，2007年开始呈现出下降的趋势。1999年源头区氨氮污染负荷总量呈现出与 TN 一致的趋势：梨树县＞公主岭市＞东辽县＞双辽市＞伊通县＞辽源市区＞四平市区，2009年与 TP、COD 趋势相同，即梨树县＞双辽市＞公主岭市＞东辽县＞伊通县＞四平市区＞辽源市区；四平市区、双辽市、梨树县的氨氮贡献率分别从2.21%、13.75%、24.85%上升到3.46%、19.87%、33.37%，而公主岭市、伊通县、辽源市区、东辽县的氨氮贡献率则分别从23.66%、10.19%、2.43%、22.92%下降到18.79%、8.11%、1.80%、14.59%，七个市县氨氮污染负荷空间分布变化趋势显著（图2-16、图2-17）。

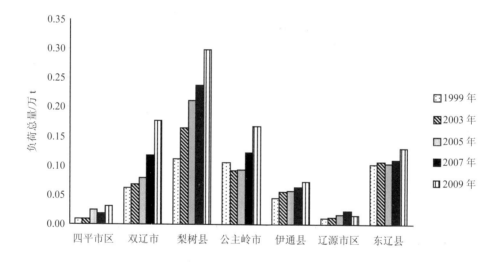

图 2-16　辽河源头区氨氮污染负荷空间分布图（1999—2009 年）

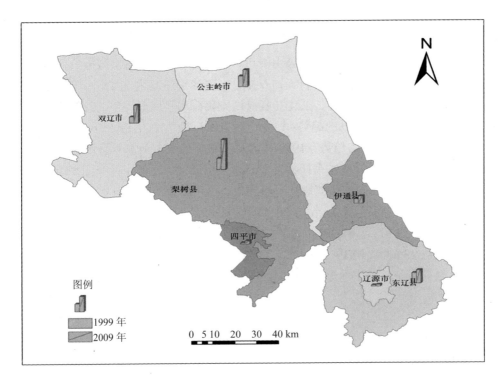

图 2-17　辽河源头区 1999 年、2009 年氨氮污染负荷空间分布图

2.4　辽河源头区流域面源污染综合评价

采用等标污染负荷法对流域的面源污染进行综合评价和分析。

2.4.1　辽河源头区流域面源污染物评价

估算的辽河源头区 TN、TP、COD、NH₄-N 污染负荷总量采用等标污染负荷法进行评价，计算得到表 2-8。

表 2-8　1999—2009 年辽河源头区各污染物平均污染负荷及其污染负荷比

项目	COD	氨氮	TP	TN	合计
负荷量/（t/a）	35 899.67	4 215.33	1 297.25	11 556.95	52 969.20
等标污染负荷/（10^6 m³/a）	1 794.98	4 215.33	6 486.23	11 556.95	24 053.49
污染负荷比/%	7.46	17.52	26.97	48.05	100.00

1999—2009 年辽河源头区的 COD、氨氮、TP 及 TN 污染负荷总量分别为 35 899.67 t/a、4 215.33 t/a、1 297.25 t/a、11 556.95 t/a；四种污染物的等标污染负荷分

别为 1 794.98×10^6 m^3/a、4 215.33×10^6 m^3/a、6 486.23×10^6 m^3/a、11 556.95×10^6 m^3/a，污染负荷比分别为 7.46%、17.52%、26.97% 及 48.05%。由此分析，TN 是辽河源头区流域面源污染的主要污染物。

2.4.2　辽河源头区流域面源污染源综合评价

辽河源头区流域的面源污染主要来源于农村生活污染、种植业污染、畜禽养殖污染、水产养殖污染，四种污染源在污染负荷总量中所占比例各不相同（表 2-9）。

表 2-9　1999—2009 年辽河源头区各污染源相对各污染物的平均贡献率　　　　　单位：%

污染源	COD	氨氮	TP	TN
农村生活源	35.61	26.86	17.60	12.93
种植业	—	6.70	22.44	15.46
畜禽养殖	64.05	66.31	59.85	71.49
水产养殖	0.34	0.13	0.11	0.12

注："—"为未统计。

辽河源头区 1999—2009 年农村生活源、种植业、畜禽养殖、水产养殖四大污染来源分别产生的 TN 负荷量占 TN 负荷总量的 12.93%、15.46%、71.49% 和 0.12%，其中畜禽养殖是 TN 负荷的主要来源，远大于另外 3 种类型贡献率的总和。TP、COD、氨氮均与 TN 呈现出相同的趋势，即畜禽养殖在四大污染来源中贡献率最大，其所占贡献比例均高于 50%，远远大于另外 3 种污染物类型的贡献率总和。其次农村生活源对 COD、氨氮的贡献率较高，其贡献率分别为 35.61%、26.86%，贡献率高于种植业及水产养殖业。种植业的 TP 贡献率为 22.44%，居于四大污染源的第二位，高于农村生活源及水产养殖业。综合来看，畜禽养殖业 COD、TN、TP、氨氮的污染物贡献率均居于第一位，并且远高于其他 3 项污染源贡献率的总和，因此畜禽养殖为辽河源头区流域的最主要污染源。

辽河源头区 1999—2009 年畜禽养殖的污染负荷比为 66.89%，远远超过另外 3 种类型的面源污染负荷的总和（表 2-10）。因此畜禽养殖污染是辽河流域面源污染的主要来源。分析时发现，辽河源头区畜禽养殖业发达，并且养殖方式以非规模化养殖为主，非规模化养殖量大；TN、TP 等污染物产生量大、处理率低，大部分不经处理或简单处理后就排入河中，造成了水体的污染，因而畜禽养殖污染负荷成为了辽河流域面源污染的主要来源。

由于辽河源头区分布着大量的农村居民点，产生的生活污水在降雨径流的冲刷下进入水体。因此，对于 COD、NH$_4$-N、TN、TP 4 种污染物，除畜禽养殖外，农村生活源的污染负荷比为 18.32%，高于种植业及水产养殖业。由此可见，农村生活源污染负荷也是辽河流域面源污染负荷的重点控制对象。

　　辽河源头区平均耕地面积 583 756 hm^2，种植业较发达。经实地调查：辽河源头区化肥施用量适当、施用方法合理，且旱田、水田分布合理，因此种植业对辽河源头区的面源污染负荷贡献不大，为 14.66%，但是从种植业对 TP 的入河贡献率来看，除畜禽养殖外，种植业对 TP 的贡献率较高，因此，对种植业的 TP 控制也是辽河源头区面源治理的重点。水产养殖业对辽河源头区的面源污染负荷贡献不大，污染负荷比仅为 0.13%（表 2-10）。

表 2-10　1999—2009 年辽河源头区各污染源等标污染负荷分析　　　单位：10^6 m^3/a

污染源	COD	氨氮	TP	TN	合计	污染负荷比/%
农村生活源	639.10	1 132.13	1 141.30	1 494.50	4 407.04	18.32
种植业	—	282.60	1 455.50	1 786.99	3 525.09	14.66
畜禽养殖	1 149.69	2 795.23	3 882.18	8 261.99	16 089.09	66.89
水产养殖	6.19	5.37	7.25	13.46	32.27	0.13
合计	1 794.98	4 215.33	6 486.23	11 556.95	24 053.49	100.00
污染负荷比/%	7.46	17.52	26.97	48.05	100.00	

注："—"为未统计。

2.4.3　辽河源头区流域面源污染分地区评价

　　辽河源头区流域包括四平市区、双辽市、梨树县、公主岭市、伊通县、辽源市区及东辽县共计七个市县，各市县在污染负荷总量中所占比例各不相同（图 2-18）。

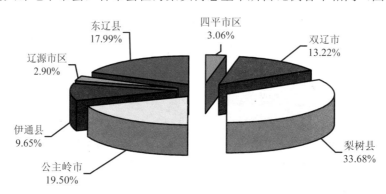

图 2-18　1999—2009 年辽河源头区流域各市县平均等标污染负荷比

　　梨树县、公主岭市、东辽县、双辽市等标污染负荷量分别占流域等标污染负荷总量的 33.68%、19.50%、17.99%、13.22%，四市县等标污染负荷比总和高于 80%，说明梨树、公主岭、东辽、双辽四市县对流域污染贡献较大，是辽河源头区流域的主要污染源；伊通县、四平市区、辽源市区对流域污染较轻，等标污染负荷比分别为 9.65%、3.06%、2.90%。

根据污染情况对辽河源头区进行污染区划分，划分为三个级别，见表2-11。

表2-11 辽河源头区污染分区标准

分区	划分标准	主要分布地区
较重污染区	等标污染负荷比＞30%，等标污染负荷量在 7 200×10^6 m³/a 以上	梨树县
中度污染区	等标污染负荷比：10%～30%，等标污染负荷量为 2 400×10^6～7 200×10^6 m³/a	公主岭市、东辽县、双辽市
一般污染区	等标污染负荷比＜10%，等标污染负荷量在 2 400×10^6 m³/a 以下	伊通县、四平市区、辽源市区

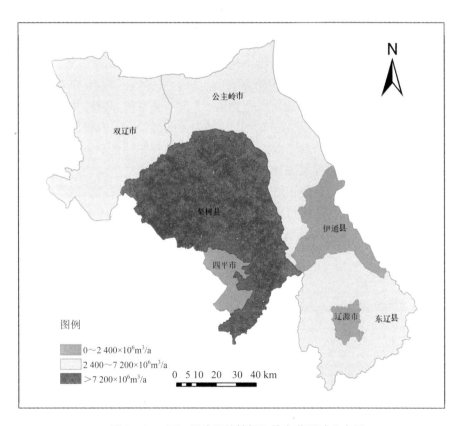

图2-19 辽河源头区总等标污染负荷区域分布图

1999—2009 年辽河源头区各市县不同污染源的平均污染负荷比详见表2-12。

表 2-12　1999—2009 年辽河源头区各市县分污染源平均污染负荷比　　　单位：%

污染区	地区	农村生活源	种植业	畜禽养殖	水产养殖
较重污染区	梨树县	5.03	0.92	93.99	0.07
中度污染区	公主岭市	5.95	1.36	92.63	0.07
	东辽县	8.87	0.68	90.36	0.09
	双辽市	4.31	1.20	94.46	0.03
一般污染区	伊通县	5.16	0.52	94.27	0.05
	四平市区	3.74	1.04	95.16	0.07
	辽源市区	10.57	0.53	88.83	0.07
平均值		5.83	0.96	93.15	0.06

　　结果显示辽河源头区各市县面源污染构成均呈现出以畜禽养殖污染为主、生活污染次之、种植业和水产养殖影响较小的综合污染结构，具体表现为各市县污染水平均为畜禽养殖＞农村生活源＞种植业＞水产养殖。7 个市县畜禽养殖污染负荷比均达到85%，说明在辽河源头区畜禽养殖是 7 个市县最主要的污染源；农村生活源污染负荷所占比重次之，种植业、水产养殖业比重较轻，说明农村生活源、种植业、水产养殖影响着辽河源头区面源污染负荷输出，但作用较轻。

　　综合以上分析，梨树县、公主岭市、东辽县、双辽市对辽河源头区流域面源污染贡献较大，畜禽养殖污染在四大污染源中占有绝对的污染比重，因此在制定辽河源头区流域面源污染控制方案时要重点控制梨树县、公主岭市、东辽县、双辽市的畜禽养殖污染。

第二篇

典型小流域面源污染特征与控制技术研究

第3章

典型小流域地表径流污染物流失特征分析

为明确不同土地利用方式下农业面源污染物随降雨径流的流失特征，本次研究选取辽河源头区流域的一块典型小流域作为研究对象进行监测和分析，分析该流域的地表径流污染物流失特征。

3.1 小流域概况

3.1.1 典型小流域选取原则

选取区域内有代表性的土地利用类型；选取区域的土地利用方式相对单一；选取区域是自然闭合的集水区，有单一的出口，以便定点采样监测。根据上述原则，最后选定泉涌小流域作为实验小区进行监测分析。

3.1.2 地理位置

泉涌小流域位于辽河源头区的东南部，地处东经 125°19′30″～125°33′30″、北纬 42°46′～42°51′30″。小区面积 104.79 km²，占源头区流域面积的 0.67%。

泉涌小流域内共涉及 11 个村屯，具体包括新泉村、怀安村、丰岗村、保安村、太安村、金星村、中宁村、福安村、泉涌村、居安村、北化村（图 3-1）。

3.1.3 地质地貌

泉涌小流域地处松辽平原中部，海拔 513～212 m，地势由东部、南部向西北缓降，丘陵、平原兼备。东部、南部为丘陵地带，林地表层土质较好，土质肥沃。西北部为平原区，沿河两岸地势低平。

3.1.4 气象条件

泉涌小流域内四季分明，属寒温带半湿润大陆性季风气候，冬季漫长严寒，夏季高温多雨，春秋两季短促且气温多变，很不稳定，故春季有"退春寒"，秋季有"小阳春"之说。多年平均温度 7.3℃。多年平均降水量为 602.7 mm,大部分降水量集中在 6—8 月,约占全年降水量的 60%。多年平均风速 2.0 m/s,多年平均蒸发量为 1 263.7 mm。

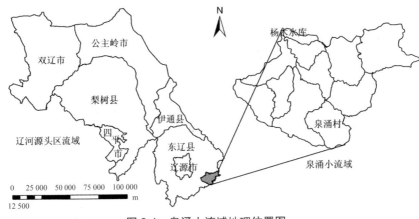

图 3-1　泉涌小流域地理位置图

3.1.5　土壤和植被条件

泉涌小流域的土壤可以划分为暗棕壤、白浆土、草甸土、新积土 4 个土类,具体包括冲积土、暗棕壤、暗棕壤性土、潜育白浆土、白浆化暗棕壤、白浆土、草甸土、草甸白浆土 8 个亚类。小区土壤以暗棕壤、草甸土为主,暗棕壤多分布在高岗地和丘陵上,土壤有机质和养分含量较丰富,生产力高;草甸土主要分布于河漫滩,土壤腐殖质和养分含量较高,富含营养元素。小区土壤有机质、养分含量丰富,富含营养元素,生产力高,为植被生长提供了优质的基质条件。

3.1.6　水土流失状况

泉涌小流域土壤侵蚀以水力侵蚀为主,侵蚀形式主要为沟蚀和面蚀两种。小区位于辽河的源头区域,沟道较多,坡地多、平地少。并且由于历史原因(乱砍滥伐、毁林开荒等),导致小区植被结构破坏和生态环境恶化,治理步伐赶不上破坏的速度,因而出现了小区水土流失愈演愈烈、面源污染逐年加剧的现状。水土流失为当地带来了一系列的生态、经济问题,如土地生产力下降,耕地减少;地表支离破碎,影响视觉景观;危害村屯,破坏道路;抬高河床、淤积水库等。

3.1.7　土地利用状况

泉涌小流域土地利用类型以林地、旱地为主,其面积分别占泉涌小流域总土地面积的 53.32%、38.72%,两种土地利用类型比例之和大于 90%,说明林地、旱地在泉涌小流域的土地利用类型中占有绝对的主导地位,这与泉涌小流域的土壤分布情况相一致。水田面积占总面积的 2.34%,仅为旱地的 1/20,说明泉涌小流域的种植方式以旱地为主。裸地所占比例最小,仅为 0.03%。

3.2　试验设计与方法

本项目采用实地地表径流监测方法,对典型小流域的 5 个汇水口进行天然降雨径流的定点监测。同时,选取区域内有代表性的土地利用类型进行采样,分别为草地、林地、水田、旱地、荒地;同步进行水样和土样的采集。

3.2.1　水样的采集

（1）采样方法

采用实地地表径流的监测方法,在不同的土地利用方式下进行地表径流的定点监测。降雨产生地表径流后,开始在不同的土地利用方式下的径流小区的出口处采集径流样品（水样 1 000 mL 左右）,直至径流结束,即同步采集整个径流过程的样品。在采集过程中视降雨强度的大小进行采样,若降雨强度较大则加密采样,若强度较小则适当延长采样时间间隔。采集的水样在 24 h 内送到实验室进行监测。

2010—2011 年,在辽河源头区典型小流域出口处进行了多次水质与水量的同步监测,本书选取 2010 年 7 月 7 日、2010 年 7 月 11 日、2010 年 7 月 29 日 3 次降雨事件分析典型小流域地表径流监测概况,由于小流域距离当地气象站在 30 km 以内,各次降雨采用辽源气象局提供的降雨量数据。2010—2011 年泉涌小流域降雨事件统计见表 3-1。

表 3-1　2010—2011 年典型小流域降雨事件统计表

采样时间	降雨历时/min	降雨量/mm
2010 年 5 月 5 日	1 440	49
2010 年 5 月 17 日	1 440	7.3
2010 年 7 月 7 日	480	20
2010 年 7 月 11 日	780	24.4
2010 年 7 月 19 日	60	26.4
2010 年 7 月 20 日	360	151.4
2010 年 7 月 29 日	480	54.2
2010 年 8 月 4 日	240	7.2
2010 年 8 月 5 日	60	56.6
2010 年 8 月 21 日	60	72
2010 年 8 月 22 日	180	4.6
2011 年 6 月 8 日	240	26.4
2011 年 7 月 21 日	60	27.1
2011 年 7 月 24 日	60	20.7
2011 年 7 月 31 日	180	65
2011 年 8 月 16 日	240	21.1
2011 年 8 月 28 日	180	29.9

（2）监测项目

监测项目包括总氮、可溶性氮、总磷、可溶性磷。

（3）分析方法

依据《环境污染监测方法》和《水和废水监测分析方法（第三版）》的规定，对采集来的水样采用以下方法进行化验分析，具体如表 3-2 所示。

表 3-2　水样监测项目及分析方法

监测目标	监测项目	分析方法	检出限/（mg/L）
水体	总氮	TOC—总氮模块	
	总磷	钼锑抗分光光度法	0.01～0.6
	可溶性磷	钼锑抗分光光度法	0.01～0.6
	化学需氧量	重铬酸钾法	5～700
	氨氮	纳氏试剂分光光度法	0.025～2
	硝酸盐氮	酚二磺酸光度法	0.02～2.0
	pH	玻璃电极法	

3.2.2　土壤样品的采集

（1）采样方法

采集 10 cm 左右林地、草地、水田、旱地的土壤样品（包括降雨前的土样、地表径流和渗漏结束后的土样）。

（2）监测项目

监测项目包括总氮、总磷、pH、有机质、速效磷、铵态氮、硝态氮。

（3）分析方法

依据《环境污染监测方法》以及相关土壤监测方法，对采集来的土壤采用以下方法进行化验分析，具体如表 3-3 所示。

表 3-3　土样监测项目及分析方法

监测目标	监测项目	分析方法	检出限/（mg/L）
土壤	总磷	氢氧化钠熔融—钼锑抗比色法	0.01～0.60
	总氮	凯氏定氮仪	
	速效磷	盐酸—氟化铵提取—钼锑抗比色法	0.01～0.60
	硝态氮	酚二磺酸比色法	0.02～2.00
	铵态氮	纳氏试剂比色法	0.02～2.00
	pH	电位法	

3.2.3　水文监测与样品采集

在实验小区出口分别在降雨期和非降雨期监测流量及泥沙量。在野外自然降雨过程中进行试验,同步监测整个降雨过程的径流量和污染物浓度,并测出二者随时间的变化。径流量和水质监测断面设实验小区出口断面。一般逐小时采样一次,对大强度降雨适当加密采样,对低强度降雨或历时较长降雨,适当延长采样时间间隔。

3.3　面源污染物随地表径流的流失特征

在径流小区出口处,对地表径流进行水质水量的同步分析,分析径流小区总氮、总磷浓度的变化过程。

3.3.1　时间尺度上氮随降雨径流流失过程

根据径流小区出口处水样实测的总氮质量浓度数据,绘制了总氮及径流量随时间的变化过程曲线,如图 3-2、图 3-3 所示。

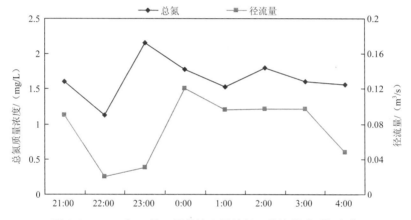

图 3-2　2010 年 7 月 7 日径流小区总氮及径流量随时间变化

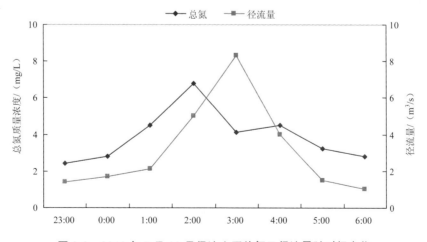

图 3-3　2010 年 7 月 29 日径流小区总氮及径流量随时间变化

由图可以看出，降雨过程中，总氮质量浓度具有以下变化规律：

①降雨量越大，地表径流流量越大，总氮的输出质量浓度则越大。2010年7月7日的降雨量比2010年7月29日的降雨量小，径流小区的流量、总氮输出质量浓度也相对较小。

②在降雨强度不大时，径流量也小，总氮的质量浓度随径流量的变化不大，基本上呈平稳状态。

③降雨强度大时，总氮质量浓度在径流初、中期相对较高，随降雨径流过程的延长，总氮质量浓度呈波浪形下降趋势。这是因为在径流产生初期，降雨的浸提作用占主导地位，从而总氮质量浓度相对较高。到径流后期，降水的浸提作用和稀释作用交互进行，稀释作用逐渐占主导地位，从而总氮质量浓度降低。

3.3.2 时间尺度上磷随降雨径流流失过程

根据径流小区出口处水样实测的总磷质量浓度数据，绘制了总磷及径流量随时间的变化过程曲线，如图3-4、图3-5所示。

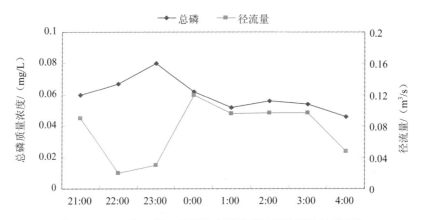

图3-4 2010年7月7日径流小区总磷及径流量随时间变化

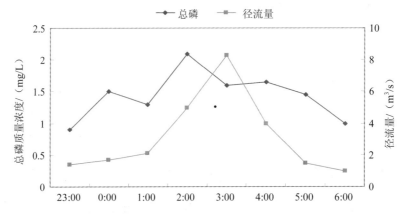

图3-5 2010年7月29日径流小区总磷及径流量随时间变化

通过图 3-5 可以看出：

①降雨量越大，地表径流流量越大，总磷的输出质量浓度则越大。2010 年 7 月 7 日的降雨量比 2010 年 7 月 29 日的降雨量小，径流小区的流量、总磷输出质量浓度也相对较小。

②总磷质量浓度随径流量变化较明显，并且多超前于径流量的峰值而首先到达峰值。总磷质量浓度主要由颗粒态污染物质量浓度组成，而颗粒态污染物都是和沉积物结合在一起迁移的，其输出量主要受降雨和径流量的影响，与地表流量的大小及对地表的冲刷力成正比。

3.3.3　不同土地利用方式下氮磷的流失特征

通过对 2010 年 7 月 3 次降雨条件下研究区内的四个典型土地利用方式的径流小区出口处氮、磷流失质量浓度的实地监测，获得了各土地利用类型降雨条件的平均质量浓度，同时探讨了不同时间、不同土地利用类型下地表径流中氮、磷流失的变化特征，如图 3-6 至图 3-8 所示。

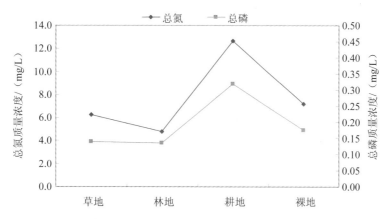

图 3-6　2010 年 7 月 7 日不同土地利用类型总氮和总磷输出质量浓度

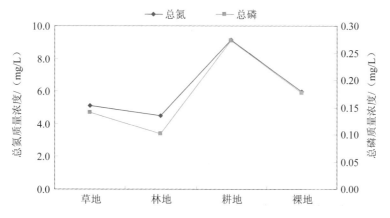

图 3-7　2010 年 7 月 11 日不同土地利用类型总氮和总磷输出质量浓度

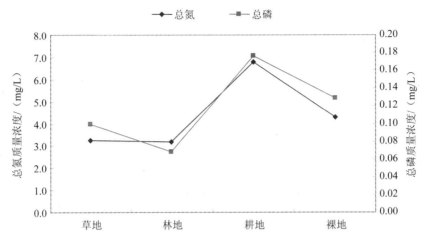

图 3-8　2010 年 7 月 29 日不同土地利用类型总氮和总磷输出质量浓度

由图可以看出，3 次降雨条件下不同土地利用方式地表径流中氮、磷质量浓度的差别很大。总体而言，总氮和总磷质量浓度的输出大小趋势为：耕地＞裸地＞草地＞林地。可以看出土地利用类型对氮、磷的输出影响较大。氮、磷输出质量浓度耕地最高，林地最小，裸地、林地居中。同时还发现，降雨量大的降雨条件下氮、磷输出质量浓度小于降雨量小的降雨条件下的输出质量浓度。充分印证不同土地利用方式下氮、磷的输出受植被覆盖、地形坡度等多种因素影响。

第4章

典型小流域面源模拟——关键源区识别

4.1 国内外研究现状

4.1.1 国外研究现状

面源污染研究在发达国家，特别是在美国研究历史较长且非常活跃。但 20 世纪 70 年代初进行的面源污染研究仅是在面源污染特征、影响因素、单场暴雨和长期平均污染负荷输出等方面的初步认识研究。面源污染负荷定量化模型研究仅有早期的农药输移和径流模型（PTR）、城市暴雨水管理模型（SWMM）[2]。当然，土壤侵蚀的定量化研究在这一时期已相当成熟，只是当时的研究角度不是面源。70 年代中后期的面源污染研究有了很大发展，影响因素和宏观特征研究由相关因素分析和时空分异分析转向与面源污染控制密切相关的主控因子[3]和源区（危险区域）空间分析[4]。有关面源污染物的迁移和转化[5]研究也有初步进展。机理模型和连续时间序列响应模型，如农业化学品运输模型（ACTMO）、城市地表径流数学模型（STORM）以及统一运输模型（UTM）、LAN—DRUN 等都在这一时期提出，只是大部分供小区域研究用，大范围推广应用价值不大。美国水土保持局花了 40 多年时间现场观测调查得出的通用土壤流失方程（USLE）广泛应用于各类面源污染负荷定量计算中，并开始探讨径流和水质模型的对接方法[6]。

20 世纪 80 年代面源污染基础研究地域范围广、类型多样（新增生物源），因素分析和污染物（特别是农药）迁移机理研究更加深入。面源污染模型在建立新的应用型模型的基础上，重点加强了 3S（RS、GPS、GIS）在面源污染定量负荷计算、管理和规划中的应用研究。著名的农业管理系统中的化学污染物径流负荷和流失模型（CREAM）[7]、用于农业面源管理和政策制定的农业面源污染模型（AGNPS）[8]、农田尺度的水侵蚀预测预报模型（WEPP）[9]、流域面源污染模拟模型（ANSWERS）[10]均在这一时期提出并应用于面源污染的负荷定量计算、控制措施效果评价、营养元素在土壤、地表的迁移规律研究和面源的管理、政策制定中。以陆地卫星数据库[11]、航空摄影[12]、GIS[13]和陆地资源信息系统[14]为代表的 3S 技术与面源污染模型结合，广泛用于面源污染预测、管理措施改变对农业面源污染的影响评价。这一时期 GIS 研究与应用的突出成果是专业 GIS 软件开发并用于潜在面源污染的三维图形输出[15]。

20 世纪 90 年代至今，面源污染的研究更加活跃，与面源污染控制相关的影响因子研究层出不穷。微生物的迁移成为面源污染物迁移、转化研究的新生长点。地下水的反补给[16]也被列为地表水源的重要面源。美国水土保持局在对过去面源污染模型十多年的应用经验进行总结[17]的基础上对几大模型的预测能力进行了客观的评价。城市地表径流大肠杆菌数学模型[18]、杀虫剂模型[19]、融雪径流侵蚀指数[20]等相继建立。与面源污染负荷估算相关的流域开发方向、面源污染管理模型和面源污染风险评价[21]成为本时期应用模型研究的最新突破点。GRASS GIS、ARC/INFO 与 WEEP、AGNPS、USLE 结合进一步用于面源污染危险区域识别[22]、显示多种面源污染输出结果、绘制水源防护区范围[23]和设计地表水监测网等众多方面。计算机软件的开发-混合专家系统[24]、多语种面源污染模型软件[25]的出现为面源污染的研究、削减和控制提供了前所未有的方便。国外在面源污染模型研究中应用最多的是部分耦合方式，如 AGNPS 与 Arc View、Arc Info、Grass 等的耦合。比较著名的还有"农药化肥迁移模型"（ACT-MO）、"农业径流管理模型"（ARM） 以及融合了 CREAMS、GLEAMS、EPIC 和 ROTO 主要特征的"土壤和水质评价模型"（SWAT）。

4.1.2 国内研究现状

我国的面源污染研究起步较晚。20 世纪 80 年代以来，我国逐渐开始了面源污染问题的研究，对面源和区域径流污染的宏观特征与污染负荷定量计算模型进行了初步研究。20 世纪 90 年代，我国在农业和城区面源污染、大气沉降、生物污染方面都有一定的进展。但长系列的水文、水质监测数据等资料的缺乏，很大程度上影响了面源污染研究工作的深入。

李怀恩、沈晋从我国的实际出发，建立了一个完整的流域面源污染模型系统，提出了流域汇流与面源污染物迁移逆高斯分布瞬时单位线模型及流域产污过程模型[26]。该模型既考虑了水动力学与污染物迁移机理，又便于求解与应用。刘枫初步进行了流域面源污染量化识别方法研究，并在于桥水库流域进行了成功应用[27]。陈西平[28]提出了包括降雨产流和径流水质相关子模型、用于计算农田径流污染负荷的三峡库区模型，根据蓄水容量曲线计算产流量，根据初次降雨径流确定污染物输出总量，然后计算库区 BOD_5、COD、TN、TP 等污染物的输出量。朱董通过研究农田暴雨径流污染特征及污染物输出规律提出了采用统计技术的区域径流—污染负荷模型。王宏[29]将改进的 QUAL-Ⅱ-FU 水质模型和面源污染模型有机地结合在一起，建立了用于流域优化管理的综合水质模型，采用曲线数法计算径流，用统计模型计算污染物负荷。李定强[30]建立了降雨—径流、径流量—污染物负荷输出量之间的数学统计模型，并用该模型对流域的面源污染负荷总量进行计算，得出了流域面源污染物产生和移动规律。洪小康[31]根据监测资料建立了水质水量相关关系，将年径流量分割为地表径流与地下径流，并将水质水量相关关系应用于地表径流，从而提出了有限资料条件下估算降雨径流污染年负荷量的水质水量相关方法。贺宝根根据实测资料对 SCS 法的前期损失量和径流曲线数予以修正，并提出相应的模型[32]。张建云描述了土壤侵蚀的物理过程，分析了影响土壤侵蚀过程的主要因素，提出包括降雨径流模型、土壤侵蚀模型和畜禽污染模型的面源污染模拟模型（NPSP）。胡远安结合分散参数面源模型 SWAT 的应用，讨论了连续模拟面源模型水文模块的计算，结果表明 SWAT 能够有效地模拟长时间序列的水文过程[33]。陈友媛从水文学出发，考虑点源和面源污染的形成和运移规律，结合当前水质资料，提出了一种简易的流域污染负荷划分的估算方法[34]。

　　近些年，随着"3S"技术的发展，我国基于"3S"应用的面源污染研究逐步开展，将"3S"技术应用于面源污染研究中，在农业面源污染机理及污染敏感性的时空分布评价等方面取得了丰硕成果。施为光[35]使用美国通用流失方程（USLE）并用彩红外遥感航片对其参数进行率定，计算出流域自然集水区域的高地潜在侵蚀量，并用输沙系数计算出年流入湖中的泥沙、氮和磷量。沈晓东针对降雨和下垫面自然参数空间分布不均匀的特点，研究了基于栅格数据的流域降雨径流模型[36]。王晓燕利用 GIS 建立小流域面源污染信息的数据库，分别以 SCS 方程、USLE 方程和污染物迁移为核心，初步建立面源污染负荷模型，并采用实测资料对 SCS 法进行修正[37]。章北平基于流域地表形态、功能与覆盖特征、降雨径流与面源污染物分布的时空规律，遴选建立流域的降雨径流量、土壤输出量与面源污染负荷的数学模型。梁天刚利用 Arc/Info 系统的地表水文模拟方法，模拟了水流方向、汇流能力，进行子集水区边界的划分、水道的自动提取和水道级序的划分，在此基础上，模拟了不同降雨量时可产生的地表径流[38]。王云鹏建立了基于 RS 和 GIS 的面源信息系统，并得到初步应用[39]。郝芳华利用 RS 和 GIS 技术对官厅水库流域不同典型水文年的面源污染负荷进行了模拟计算研究[40]。于苏俊开发了一种运算法自动地生成 AGNPS 模型所需要的大部分信息，并把模拟结果转换成 GIS 文件格式[41]。胡远安探讨了运用逐级分类从 TM 图像中提取与面源污染有关的土地利用信息的方法，能够快速有效地提取所需要的信息。程炳等应用 AnnAGNPS 在珠江三角洲流域进行了模型的模拟研究，并取得了一定的成果[42]。杨驰、邱炳文提出了与农业面源污染定性模型完全集成的方案[43]。李恒鹏对太湖上游典型城镇地表径流面源污染特征作了详细的统计和预测，面源污染负荷多是针对水体中氮磷的浓度来动态跟踪的[44]。张琰在 GIS 支持下应用 GWLF 模型对宝象河流域面源污染负荷进行了估算[45]。刘冬梅、张水龙利用描述产污过程的数学模型，以辽宁西部的下河套小流域为研究对象，给出了基于流域单元的农业面源污染负荷计算过程，认为一级流域单元对流域污染的贡献最大，是需要加强管理的区域[46]。袁宇等提出点源与面源简易分割技术，由月径流量与月通量相关关系确定丰水期面源比例系数，并计算了 2003 年由大凌河进入辽东湾的主要面源污染物入海通量[47]。杨育红、阎百兴对近 20 年东北地区有关面源污染研究成果进行了分类和统计分析，得出东北地区面源污染研究总体呈增加趋势[48]。

4.2 模型原理

4.2.1 模型选择

AnnAGNPS（Annualized Agricultural Non-Point Source）模型是 20 世纪 90 年代初美国农业部自然资源保护局与农业研究局在单一分布式模型 AGNPS（Agricultural Non-point Source）基础上开发的连续型分布式模型。AGNPS 模型是分布参数模型，在使用时首先将研究流域栅格化为多个分室，对于任一分室内模拟过程的参数分布是相同的。若某一分室内情况较复杂，则需要将此分室进一步加密划分。此外，由于 AGNPS 为单事件模型，它只能对单次降雨下产生的面源污染负荷进行模拟，而不能对连续时间段内的面源污染负荷进行模拟，尤其是在估算一段时间内的农业面源污染负荷总量时，在实际应用中具有很大的局限性。

AnnAGNPS 模型兼有连续型与分布式模型的优点。它是按照研究流域的水文特征将研究流域划分成多个分室，使模拟结果更符合实际情况。它可以以日为单位步长对一个时段内各分室每天及累计的径流、泥沙、养分、农药等的负荷结果进行连续的模拟，可对流域内面源污染的长期作用效果进行评价。AnnAGNPS 模型在 AGNPS 模型基础上的另一改进是采用修正的通用土壤流失方程（RUSLE）而不是土壤流失方程（USLE）来预测各分室的土壤侵蚀量。此外，AnnAGNPS 模型适宜模拟 200 km² 以下的监测资料不多的小流域。综上所述，采用 AnnAGNPS 模型比较适合我们对辽河源头区——泉涌小流域等进行资料收集和测定。同时，利用校验后的 AnnAGNPS 模型可以对最佳农业管理措施进行模拟分析，使模型的研究更具有现实意义，使研究工作能够和农业实践紧密结合。

4.2.2 主要机理

（1）水文子模型

模型对水文部分的研究主要是针对径流量和峰值流量进行的。其中径流量的计算以美国土壤保持局提出的描述降雨径流关系的 SCS 曲线数值法为基础[2]，基本方程简述如下：

$$Q = \frac{(P - 0.2S)^2}{P + 0.8S} \tag{4-1}$$

式中：Q——径流量，mm；

P——降雨量，mm；

S——持水系数，均以长度系数表示，mm。

持水系数（S）为土壤水文分组、作物、管理和土壤前期含水量的函数，与径流曲线数值（CN）有关，由下式求出：

$$S = (1\,000 / CN) - 10 \tag{4-2}$$

径流曲线数值（CN）是反映雨前流域特征的无量纲参数，为土壤性质、植被覆盖以及土壤湿度等参数的函数，根据区域土壤和土地覆盖类型，参照 SCS 曲线计算方法得出的取值条件，确定不同土地利用类型的 CN 值。

各单元的洪峰流量由 Smith 和 Williams 的经验关系式结合 CREAMS 模型得出：

$$Q_P = 3.79 A^{0.7} CS^{0.16} (RO / 25.4)^{(0.903 A^{0.017})} LW^{-0.19} \tag{4-3}$$

式中：Q_P——洪峰流量，m^3/s；

A——排水面积，km^2；

CS——排水路径的斜率，m/km；

RO——径流量，mm；

LW——流域长宽比（LW=L^2/A），L 为流域长度。

上式中的系数值为现场监测得出。

（2）土壤侵蚀和输沙子模型

这部分采用修正的通用土壤流失方程（RUSLE），该方程用于对上游地区单场暴雨侵蚀的计算表述如下：

$$X = R \cdot K \cdot L \cdot S \cdot C \cdot P \tag{4-4}$$

式中：X——单位面积土壤年侵蚀量，t/（$hm^2 \cdot a$）；

R——降雨侵蚀力因子，$MJ \cdot mm/$（$hm^2 \cdot h \cdot a$）；

K——土壤可蚀性因子，$t \cdot hm^2 \cdot h/$（$hm^2 \cdot MJ \cdot mm$）；

L——坡长因子，无量纲；

S——坡度因子，无量纲；

C——植被覆盖与管理因子，无量纲；

P——水土保持措施因子，无量纲。

上述各因子的值可由农业手册算得，土壤侵蚀量以流域中各网格为单位计算，并将侵蚀土壤和沉淀物分为 5 类（黏土、粉沙、砂、细砾和粗砾）考虑。计算完径流和土壤侵蚀后，对其携带的泥沙逐个单元依次演算，直至流域出口。其间有复杂的迁移和沉积关系，由稳态连续方程推导出的基本演算方程为

$$Q_S(x) = Q_S(0) + Q_{SL}(x / L_r) - \int_0^x D(x) W \mathrm{d}x \tag{4-5}$$

式中：Q_S（x）——河（渠）段下游泥沙输出量，kg/s；

Q_S（0）——河（渠）段上游泥沙输入量，kg/s；

x——泥沙汇入点到河（渠）段下游的距离，m；

W——河（渠）道宽，m；

Q_{SL}——旁侧泥沙汇入量，kg/s；

L_r——河（渠）段长度，m；

$D(x)$——沉积率，用下式估算：

$$D(x) = [V_{ss} / q(x)][q_s(x) - g'_s(x)] \qquad (4\text{-}6)$$

式中：V_{ss}——颗粒沉积速率；

$q(x)$——单宽径流量；

$q_s(x)$——单宽泥沙负荷；

$g'_s(x)$——单宽有效输沙量。

用修正的 Bagnold 河流能力方程，计算有效输沙量：

$$g_s = \eta K \frac{\tau V^2}{V_{ss}} \qquad (4\text{-}7)$$

式中：g_s——有效输沙量；

η ——有效输沙因子；

K——输沙能力因子；

τ ——黏性摩擦阻力；

V——河（渠）道平均流速，由曼宁（manning）公式推求。

用下式计算每个单元流出的 5 个颗粒级别的泥沙负荷：

$$Q_s(x) = \left(\frac{2q(x)}{2q(x) + \Delta x V_{ss}} \right) \left\{ Q(0) + Q_{sl} \frac{x}{L} - \frac{w \Delta x}{2} \left[\frac{V_{ss}}{q(0)}(q_s(0) - g's(0)) - \frac{V_{ss}}{q(x)} g'(x) \right] \right\}$$

$$(4\text{-}8)$$

式（4-8）为泥沙输移的基本方程。

（3）污染质迁移子模型

该模型采用相关方程计算 N、P 和 COD 的迁移，对不同土壤质地变化进行修正。营养物吸附量用单元的泥沙产量计算：

$$\text{Nut}_{set} = \text{Nut}_f \cdot Q_s(x) \cdot E_r \qquad (4\text{-}9)$$

式中：Nut_{set}——N 或 P 随泥沙迁移量，kg/s；

Nut_f——N 或 P 在土壤中的含量，mg/kg；

$Q_s(x)$——泥沙的生成量，kg/s；

E_r——某种污染物富集率，它表示径流沉积物中某种污染物的含量与雨前土壤中这种污染物的含量之比。

$$E_r = 7.4 Q_s(x)^{-0.2} \cdot T_f \qquad (4\text{-}10)$$

式中：T_f——土壤质地综合因子。

可溶性营养物估算考虑降雨、化肥用量和淋溶过程，径流中营养物用下式推求：

$$\text{Nut}_{sol} = C_{nut} \cdot \text{Nut}_{ext} \cdot Q \qquad (4\text{-}11)$$

式中：Nut_{sol}——径流中可溶性 N 或 P 的质量浓度，mg/L；

C_{nut}——土壤表面 N 或 P 的平均质量浓度（即径流中溶解态污染物质量浓度），mg/L；

Nut_{ext}——天然 N 或 P 进入径流的流出系数（一般取为 0.1）；

Q——径流量，m³/s。

COD 被认为是可溶的，根据径流量和径流中 COD 平均质量浓度估算。通过调查获得的 COD 背景值可作为计算每个单元 COD 质量浓度的基础，并认为迁移演算和累计过程中没有损失。

4.3 AnnAGNPS 模型构建

4.3.1 空间数据处理

GIS 是一种十分重要的空间信息系统，它采集、存贮、管理、分析和描述包括大气层在内的地球表面与空间和地理分布有关的空间信息。现在已被广泛应用于农业面源污染的研究。在本次研究中，GIS 被用于采集、管理和分析 AnnAGNPS 模型参数所涉及的空间数据，包括泉涌小流域边界、水系、DEM、土地利用类型图、土壤图等。

（1）流域数字高程模型（DEM）

对研究区 1∶5 万地形图进行矢量化，利用 ArcGIS 将矢量化文件栅格化生成 DEM，栅格大小定为 30 m×30 m。

应用 DEM 数据提取流域地形参数时，洼地是进行水文分析的一个障碍，因此在提取流域信息参数前，首先要将洼地进行填充，让洼地成为平坦的区域使水流能够通过。在 ArcGIS 中利用其扩展模块 Hydrologic Function 中的功能消除洼地，生成无洼地的数字高程模型（fillDem）（图 4-1）。

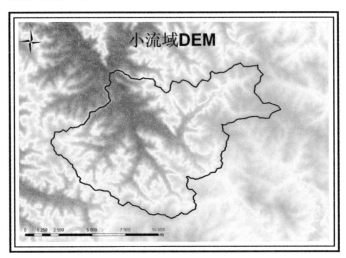

图 4-1 泉涌小流域数字高程模型

（2）土地利用类型图层

土地利用类型数据主要来源于 2009SPOT5 遥感解译数据。根据土地利用现状分类国家标准（GB/T 2010—2007）中的土地利用类型的分类系统，结合农业面源污染负荷模拟的需要，重新将土地利用类型划分为水田、旱地、林地、草地、水域、滩地、裸地、村镇 8 个大类（图 4-2）。

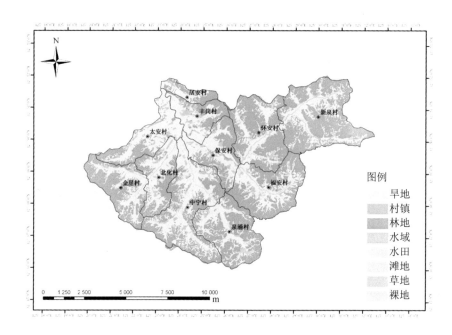

图 4-2　泉涌小流域土地利用图

（3）土壤类型图层

土壤类型数据主要来源于 1∶165 万吉林省土壤图，在 Arcgis 中将其矢量化，并转换成 Shape 文件得到区域土壤类型图。研究区主要有以下 8 种土壤类型：暗棕壤性土、暗棕壤、白浆化暗棕壤、白浆土、草甸白浆土、潜育白浆土、草甸土、冲积土（图4-3）。

4.3.2　地理参数的提取

AnnAGNPS 模型运用 TopAGNPS 模块对 DEM 进行处理，划分流域集水单元，获得集水区边界、水系分布、面积、海拔、坡度、坡长因子等地理参数。为污染负荷计算模块的运行提供参数输入准备。地理参数确定流程如图 4-4 所示。

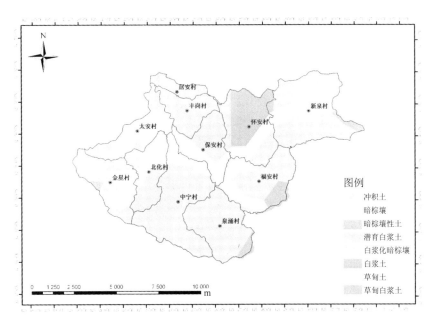

图 4-3　泉涌小流域土壤图

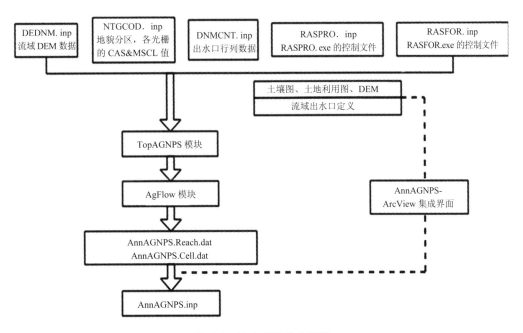

图 4-4　地理参数确定流程

输出的集水单元（Cell）参数文件 AnnAGNPS_Cell.dat 包括各集水单元的面积、高程、坡向、坡度坡长因子等；集水区（Reach）参数 AnnAGNPS_Reach.dat 包括各集水区面积、高程、坡向、坡度坡长因子等，两者通过 Input Editor 模块直接导入年污染负荷模块。其他由 AgFlow 模块产生的中间结果文件，如流域的边界、集水单元及集水区空间分布及其水网等通过 AnnAGNPS-ArcView 集成界面的 import 命令导入并显示。

AnnAGNPS-ArcView 界面可将集水区文件（subwa.shp）与流域土壤图和土地利用图分别进行空间叠加运算，获得各集水单元的主要土壤类型和主要土地利用类型，以便通过 Input Editor 模块导入至 AnnAGNPS.inp 文件中。

AnnAGNPS 通常将流域划分为空间上分散的集水区单元，再提取每个集水区单元各自的地形参数。这些集水区单元的空间分辨率通常大于输入数据的空间分辨率，因此每个集水区单元中的参数值存在某种程度的集总。集总的方法主要有取平均值和采用整体的代表值两种。集总的程度对模型输出结果有一定影响，平均值不能真实地反映输入变量的影响；采用占总体比例较大的类别为代表可能会忽略比例小但具有重要意义的类别，因而确定合理的集水区单元对于 AnnAGNPS 而言具有重要的意义。

由于现有的确定模型参数的最优化方法对实测资料的依赖性很大，只能反映模拟值与实测值的拟合程度，而不能揭示参数的物理意义，因此本研究利用模型默认的参数值进行模拟。本书对研究区进行 10 种不同集水区的划分，临界源面积（critical source area，CSA）的取值范围为 16～200 hm²，最小初始沟道长度（minimun source channellength，MSCL）的取值范围为 130～150 m，集水区单元个数分别为 29、55、79、103、141、159、171、281、325、419。针对不同集水单元的个数，分析模拟后的泥沙、总氮、总磷污染负荷输出的趋势。

由于泥沙、氮、磷在单位数值上的差异性，本书对模型的输出参数在数值上进行归一化处理：

$$\overline{X_{(i)}^{(1)}} = \frac{X_{(i)}^{(1)}}{\max(X_{(i)}^{(1)})} \tag{4-12}$$

式中：$X_{(i)}^{(1)}$——相应集水区划分水平的参数输出量；

$\max(X_{(i)}^{(1)})$——$X_{(i)}^{(1)}$ 中的最大值；

$\overline{X_{(i)}^{(1)}}$——归一化后的参数指标输出。

不同集水区单元个数的泥沙、总氮和总磷负荷变化趋势见图 4-5。

如图 4-5 所示，在集水区个数为 281 时，泥沙、总氮、总磷的污染负荷变化都趋于稳定，说明此时模型最为准确地反映出了辽河源头区小流域的地形复杂性，从而使模拟结果趋向于实际值。因此，本研究最终将集水单元个数确定为 281，并以此划分的集水单元进行后续研究（图 4-6）。

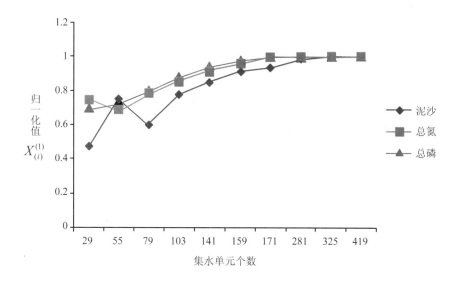

图 4-5 泥沙、总氮和总磷负荷变化趋势

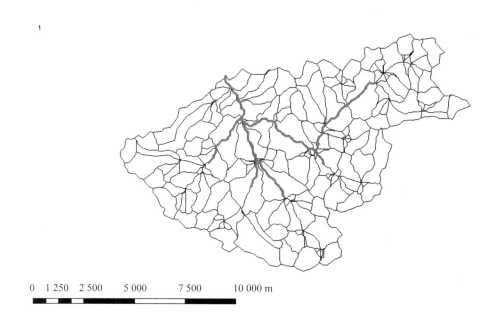

图 4-6 集水区单元图

4.3.3 土壤参数的提取

AnnAGNPS 模型中包含的土壤参数共有 30 个，包括土壤机械组成、质地、剖面深度及层次、有机质含量、pH、盐基饱和度等。

　　土壤参数影响地表径流和氮、磷流失负荷。2011 年雨季和旱季在典型小流域进行了土壤的采样试验，分析了表层土壤（0～20 cm）的机械组成、有机质含量、总氮和总磷的含量，以进一步确定了土壤参数。

　　（1）土壤质地及其养分含量的确定

　　参照美国农业部的土壤质地分类三角表，根据《吉林省土壤》和《吉林省土种志》确定东辽典型小流域的土壤质地及其养分含量，见表4-1。

表4-1　土壤质地及其养分含量

土类	亚类	总氮/%	总磷/%	有机质/%	质地名称
暗棕壤	暗棕壤	0.169	0.085	2.94	砾石土
	白浆化暗棕壤	0.441	0.124	9.75	黏壤土
	暗棕壤性土	0.236	0.075	3.49	砂质壤土
白浆土	白浆土	0.134	0.051	2.44	黏壤土
	草甸白浆土	0.803	0.14	15.86	黏壤土
	潜育白浆土	0.754	0.137	13.89	壤质黏土
草甸土	草甸土	0.131	0.051	2.12	壤质黏土
新积土	冲积土	0.06	0.038	—	砂质壤土

　　（2）土壤水文类型

　　所谓土壤水文组，是指美国国家自然资源保护局（NRCS）根据土壤渗透性和产流能力的大小，将土壤分为 4 种水文类型：A 类（透水）、B 类（较透水）、C 类（较不透水）和 D 类（接近不透水）。1996 年，NRCS 土壤调查小组将在相同的降水和地表条件下，具有相似产流能力的土壤归为一个水文学类。影响土壤产流能力的属性是指那些影响土壤在完全湿润并且不冻的条件下的最小率属性。土壤的水文分组定义如表4-2所示。

表4-2　水文土壤组的定义

分类	产流能力	最小下渗率/（mm/h）	土壤质地
A	很低	>7.26	砂土、壤质砂土、砂质壤土
B	中等	3.81～7.26	壤土、粉砂壤土
C	由中至高	1.27～3.81	砂黏壤土
D	高	0～1.27	黏壤土、粉砂黏壤土、砂黏土、粉砂黏土、黏土

　　根据土壤质地可以确定东辽典型小流域土壤的水文类型组，见表4-3。

表4-3　东辽典型小流域土壤的水文类型组

土壤类型	暗棕壤	白浆化暗棕壤	暗棕壤性土	白浆土	草甸白浆土	潜育白浆土	草甸土	冲积土
水文土壤分类	A	D	A	D	D	D	D	A

（3）土壤可蚀性因子 K

土壤可蚀性因子反映了土壤对侵蚀的敏感性及降水所产生的径流量与径流速率的大小，是通用土壤流失方程的必要参数。它与土壤物理性质，如机械组成、有机质含量、土壤结构、土壤渗透性等有关。当土壤颗粒粗、渗透性大时，K 值低，抗水蚀能力较强；反之，当土壤颗粒较细、渗透性小时，K 值高，抗水蚀能力较弱。直接测定 K 值要求的条件较高，需要在标准连续休闲的裸露小区上测定单位侵蚀力的土壤流失量。

东辽典型小流域不同土壤的可蚀性因子 K 见表4-4。

表4-4　土壤可蚀性因子 K

土壤类型	土壤可蚀性因子 K
暗棕壤	0.22
白浆化暗棕壤	0.19
暗棕壤性土	0.29
白浆土	0.22
草甸白浆土	0.19
潜育白浆土	0.18
草甸土	0.20
冲积土	0.30

4.3.4　地表径流曲线 CN 值

CN 称为曲线号码（Curve Number）。综合考虑典型小流域土地利用方式、水文土壤组和前期湿度等影响因素，在美国农业部土壤保持局提出的 CN 表（Soil Conservation Service，1964）中查找并确定研究流域模型模拟适用的 CN 值。

按照上述方法确定的东辽典型小流域的 CN 值，如表4-5 所示。

表4-5　东辽典型小流域 CN 值

土地利用类型	水文条件	水文土壤类型组			
		A	B	C	D
水田	差	77	88	91	93
	好	70	82	88	89
旱地	差	72	81	85	91
	好	67	78	82	89

土地利用类型	水文条件	水文土壤类型组			
		A	B	C	D
林地	差	45	65	70	80
	好	35	55	68	77
草地	差	68	79	86	89
	中	49	69	79	84
	好	39	61	74	80
滩地	差	92	94	95	97
	好	90	92	93	95
裸地	差	39	61	74	80
	好	49	69	79	84
村镇	——	65	75	82	85
水域	——	100	100	100	100

4.3.5　降雨侵蚀因子

降雨侵蚀因子 R 值与降雨量、降雨强度、降雨历时、雨滴大小以及雨滴下降速度有关，它反映了降雨对土壤的潜在侵蚀能力。降雨侵蚀力难以直接测定，大多使用降雨参数如雨量等来估算降雨侵蚀力。本书采用福建大学水土保持试验站和福建农业大学提出的福建省降雨侵蚀 R 值的计算公式：

$$R = \sum_{i=1}^{12}(-1.155\,27 + 0.179\,2P_i) \tag{4-13}$$

式中：R——全年的降雨侵蚀力；

P_i——月降雨量，mm。

采用泉涌小流域逐月平均降雨量计算年降雨侵蚀因子 R，计算结果如表 4-6 所示。

表 4-6　降雨侵蚀因子 R

月份	1	2	3	4	5	6
月降雨量	3.8	35	27.4	69.3	91.7	25.2
月份	7	8	9	10	11	12
月降雨量	362.5	239.5	36.2	43.5	48.5	21.1
降雨侵蚀因子 R	179.833 12					

4.3.6　作物主要参数的确定

AnnAGNPS 模型中农作物有关的参数主要包括作物产量、氮和磷的吸收系数、每隔 15 d 的作物根部比重、表面覆盖比例及降雨阻隔高度等。

根据辽河源头区典型小流域的调查资料，流域内现有耕地面积约为 4 739.4 hm²，该区以一年一熟的农作制度为主，种植作物主要是水稻、玉米，其中水田面积为 269.62 hm²，旱田面积为 4 469.79 hm²，本区旱田按玉米计算，平均产量为 7 114 kg/hm²，水田水稻平均产量为 7 966 kg/hm²。从生长期来看，水稻和玉米的生长期都可分为四个时期：分粟期、拔节期、齐穗期和成熟期，表 4-7、表 4-8 分别为水稻和玉米在各个时期的氮、磷吸收系数。

表 4-7　水稻生长的氮磷吸收系数

项目	分粟期	拔节期	齐穗期	成熟期
占生长期的比例/%	23	10	12	55
N 吸收系数/%	39	35	11	15
P 吸收系数/%	19	36	17	28

表 4-8　玉米生长的氮磷吸收系数

项目	分粟期	拔节期	齐穗期	成熟期
占生长期的比例/%	23	10	12	55
N 吸收系数/%	39	35	11	15
P 吸收系数/%	19	36	17	28

4.3.7　施肥参数的确定

AnnAGNPS 模型中施肥参数主要包括化肥施用量、施肥深度、各种养分含量，参数主要来源于农田施肥调查及相关参考文献。化肥和农药使用情况见表 4-9。

表 4-9　化肥和农药使用情况

耕地	面积/hm²	肥料		农药	
		种类	施用时间	除草剂种类和施用时间	杀虫剂种类和施用时间
旱田	4 469.79	主要有氮肥和磷肥，具体有复合肥、二胺、水稻专用肥、尿素	5月末至6月初下底肥，6月底追肥	阿特拉津和乙草胺。播种前 7～10 d，大致在 5 月初	敌敌畏和乐果。施用时间在 7—8月。用量较小
水田	269.62		6 月前一次施肥，后再追肥	苄嘧磺隆、威农、丁草胺。5 月上旬，插秧前 7～10 d	

4.4　AnnAGNPS 模型检验

AnnAGNPS 模型在某一地区得到调试和检验之后，才能用于该地区的模拟，进而用于环境规划和管理。AnnAGNPS 模型虽然是连续型模型，但对某一时段内农业面源污染负荷的输出却来自于这一时段内的各场次暴雨的贡献。因此，本书通过对监测降雨事件下所测得污染物负荷实测值与模型模拟值进行对比分析，反复调试模型，使得模拟结果与实测结果近似一致。本书采用以下两种方法来反映实测值与模拟值的拟合度。

（1）模拟偏差（D_v）

计算公式为：

$$D_v = [(V - V') / V'] \times 100 \qquad (4\text{-}14)$$

式中：D_v——模拟偏差；

　　　V——模型模拟值；

　　　V'——实测值。

D_v 值越趋向于零，说明实测值与模拟值的拟合度越好。

（2）绘制 1∶1 连线图

反映总氮和总磷的拟合度，在 1∶1 连线图上，数据点越接近于 1∶1 连线，拟合度越高。

2010—2011 年，在辽河源头区典型小流域出口处进行了多次水质与水量的同步监测，本书选取 2010 年 7 月 7 日、2010 年 7 月 11 日、2010 年 7 月 29 日和 2011 年 8 月 28 日 4 场降雨事件，将总氮和总磷输出的实测数据与模型模拟的结果相比较，表 4-10、表 4-11 分别为总氮、总磷的模拟值与实测值对比，图 4-7、图 4-8 分别为总氮、总磷的模拟值与实测值的 1∶1 连线图。

表 4-10　总氮负荷模拟值与实测值的对比

降雨事件	降雨量/mm	总氮		
		实测值/t	模拟值/t	模拟偏差/%
2010-07-07	45.4	25.73	29.63	15.16
2010-07-11	32	9.93	11.53	16.11
2010-07-29	63.9	47.31	51.73	9.34
2011-08-28	29.9	12.13	14.18	16.92

表 4-11　总磷负荷模拟值与实测值的对比

降雨事件	降雨量/mm	总磷		
		实测值/t	模拟值/t	模拟偏差/%
2010-07-07	45.4	1.04	1.36	31.25
2010-07-11	32	0.26	0.34	32.52
2010-07-29	63.9	2.47	3.17	28.34
2011-08-28	29.9	0.57	0.75	31.91

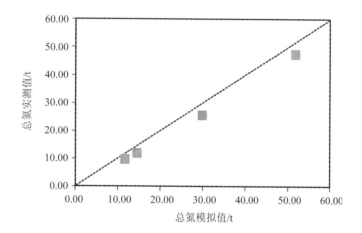

图 4-7　总氮模拟值与实测值的 1∶1 连线图

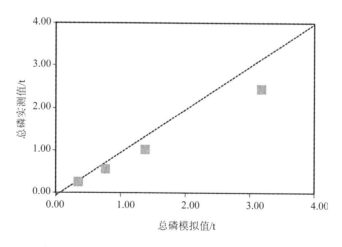

图 4-8　总磷模拟值与实测值的 1∶1 连线图

通过以上验证结果看出，所建立的农业面源污染模型对于总氮负荷的模拟效果较好；对总磷负荷输出的模拟结果偏差较大，这是由于磷主要是以泥沙结合态的形式流失，而粗颗粒在迁移过程中沿途产生沉淀，使得模型的模拟精度一般，但与其他相关研究成果相比，模型模拟精度尚在可以接受的范围内。

4.5 模拟结果总结分析

通过 AnnAGNPS 模型在辽河源头区典型小流域的参数校正和检验，验证了 AnnAGNPS 模型在辽河源头区典型小流域的适用性，因此可以应用于辽河源头区典型小流域进行农业面源污染的模拟研究。

本书应用校准后的 AnnAGNPS 模型模拟 2010 年辽河源头区典型小流域出口总氮、总磷的输出。通过模型模拟，研究区的农业面源污染总氮输出为 364.7 t；总磷输出为 21.5 t。其详细结果如表 4-12 所示。

表 4-12　AnnAGNPS 模型模拟结果

输出项		模拟输出值/t
总氮	吸附态	6.24
	溶解态	358.45
	总量	364.70
总磷	吸附态	17.24
	溶解态	4.26
	总量	21.50

由模拟结果可以得出：在研究区内，总氮与总磷相比，氮的流失量要远比磷的流失量大得多，这是由于辽河源头区典型小流域面源污染主要来源于农业施用化肥的污染，该流域所施用化肥主要为农家肥、复合肥及尿素，均为含氮量较高的化肥。从氮磷的流失形势上看，进一步证实了氮流失主要以溶解态为主，磷流失则主要以吸附态为主。

4.5.1 面源污染负荷时间分布

对 2010 年辽河源头区典型小流域的农业面源污染物总氮和总磷输出的时间分布特征进行分析，总氮、总磷负荷随时间的变化关系如图 4-9、图 4-10 所示。

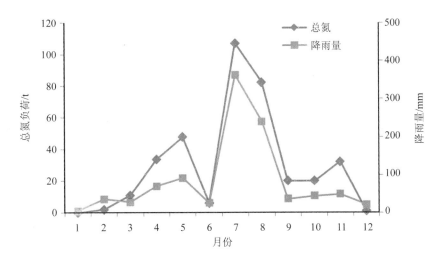

图 4-9 总氮负荷时间分布图

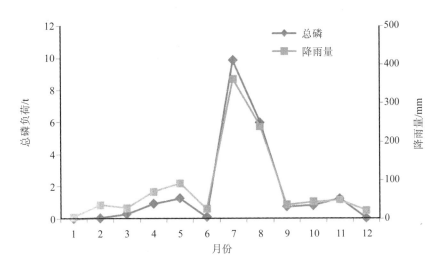

图 4-10 总磷负荷时间分布图

从以上农业面源污染的时间分布图可以看出，研究区农业面源污染物氮和磷的输出具有相似的规律性，均呈现季节性变化。

①农业面源污染输出与降雨量呈现显著的正相关。农业面源污染物的时间分布与研究区降雨分布具有相似的规律性，总氮和总磷输出主要分布在 7 月和 8 月（总氮负荷占全年的 52%，总磷负荷占全年的 74%），此时为降雨量集中分布的丰水期；在降雨量较小的平水期总氮和总磷的输出也相对较小，而在降雨量最小的枯水期，农业面源污染物的输出最小。

②农业面源污染物总氮、总磷的输出峰值均出现在夏季。辽河源头区典型小流域

主要作物的种植期总要是在每年的 5 月，在农作物种植过程中为保证后期作物丰收要施用大量的底肥。6 月份降雨量的进一步增加，导致土壤含水量饱和，墒情增大但未能形成地表径流，所施用底肥中的氮、磷并未在 6 月里产生大量运移。农作物在种植过程中，其在不同阶段要追加不同的肥料。吉林省在每年的 7 月是水稻、玉米、大豆等主要作物的重要追施肥时期，同 6 月相比，7 月的降雨量明显增大，单次降雨强度也在增大，因此在前期土壤水分含量基本饱和的情况下，7 月的降雨量进一步促使研究区土壤水分含量饱和，并且趋于地表形成径流，使该月成为模拟期内污染物质运移的高峰期。

由上述结果可以看出，辽河源头区典型小流域农业面源污染物输出负荷的季节性变化主要与降雨量以及施肥期密切相关。

4.5.2 面源污染负荷空间分布

通过 AnnAGNPS 模型对辽河源头区典型小流域的计算得到农业面源污染物总氮和总磷输出的空间分布如图 4-11、图 4-12 所示。

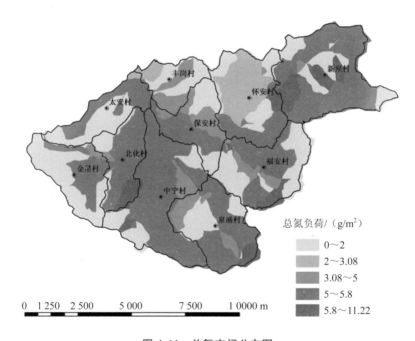

图 4-11 总氮空间分布图

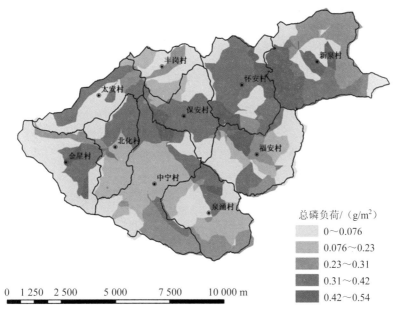

图 4-12　总磷空间分布图

通过以上分析发现，整个研究区的农业面源污染空间分布差异性较大，主要有如下特点：

①总氮和总磷在空间分布上具有一定的相似性，但是也存在一定的差异，氮的流失程度远大于磷的流失程度，磷的流失主要集中于河道两侧和区域内的坡耕地区。氮的流失除了和磷流失相同的区域外，施肥量大的土地利用地区即农业耕作地区均有分布。

②坡耕地的单位面积污染物输出量较大。从农业面源污染空间分布可以看出，污染输出量大的地区多集中于研究区的坡耕地区，说明污染物的输出量与流域的坡度有着密切的关系。

③研究区污染负荷的空间分布差异性较大。该流域农业面源污染单位面积输出的空间差异性较大，主要与周围环境有着密切的关系。总磷和总氮在林地的流失负荷相对较小，在坡耕地和农业区的流失负荷相对较大。

4.6　关键源区识别

大量的研究表明，大多数流域的氮、磷输出与局部区域的氮、磷贡献有关，这些区域氮、磷输出特别大，并起着关键作用，因此，在空间上标识出这些区域对于有效进行流域的水环境管理起着重要作用。这些区域被称为关键源区（CSA）。

在大流域内关键源区的概念被广泛运用到其中的一些小流域中。这些区域是氮、磷输出的起始区域，通常由于气候、地形等自然因素的综合作用，在高强度的农业活动下，水文活动激烈（净流量大）而导致氮、磷流失强烈。因此，水文活动强度大且农业活动强度大的区域就是氮、磷流失的关键源区，水文活动（如地表径流）是氮、磷输出的动力。土壤下渗率则影响了地表径流量的大小，与土壤容重、地下水位、土壤含水量、植被覆盖及地形部位有关。地表径流量大的区域，土壤侵蚀强度较大，颗粒态氮、磷的输出较高。

根据 AnnAGNPS 模型的模拟结果，结合辽河源头区典型小流域的氮、磷流失负荷的空间分布特征，在 ArcGIS 中通过字段设置，将 0.75 倍标准偏差以上的区域标识为关键源区，辽河源头区典型小流域总氮、总磷负荷的关键源区的分布如图 4-13、图 4-14 所示。

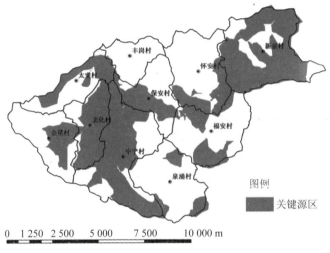

图 4-13　总氮关键源区分布图

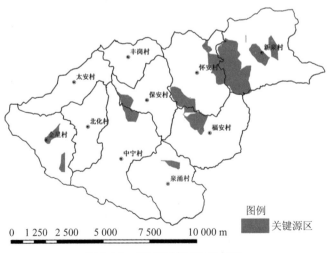

图 4-14　总磷关键源区分布图

通过总氮和总磷关键源区分布图可知，氮磷流失的关键源区分布具有很大的相似性，总体来看研究区氮、磷流失的关键源区具有以下分布特点：氮、磷流失关键源区的一部分区域分布在常年耕种的农业区；一部分分布在河流的两侧，这些区域离河流较近，土壤中的氮、磷极易在降雨作用下进入河流而造成水体污染；还有一部分分布在流域的坡耕地区，氮、磷流失主要受到迁移因素（坡度、径流和侵蚀）的影响。

第三篇

重污染流域面源污染控制技术研究及应用示范

第 5 章

辽河源头区流域农业面源污染风险评价与关键源区识别

在农业面源污染研究中，确定农业面源污染的关键源区是开展有针对性研究和控制农业面源污染的首要问题之一。本章采用 GIS 和地统计学为技术手段，在综合分析辽河源头区流域农业面源风险的源因子和迁移因子的基础上，筛选出影响辽河源头区流域面源污染的主要因子，建立识别辽河源头区流域农业面源污染风险程度的指标体系，确定权重并划分因子等级，生成指标体系中各因子的 30 m×30 m 栅格图，采用多因子综合分析法计算面源污染风险等级，对农业面源污染风险进行定量化评价，确定流域内面源污染发生风险高的区域为关键源区，并针对关键源区内最易产生污染物的地段和部位提出反映辽河源头区面源污染特征的管理控制措施。结果表明：流域中农业面源污染高风险区即关键源区占全流域面积的 21.77%，主要集中在辽河源头区东北部、中部以及东南部丘陵区，大部分为流域中的农田和坡耕地区域，其人口密度、畜禽养殖量以及施肥量都偏高。

5.1 指标体系的建立

5.1.1 指标的选择

面源污染的发生受多种因素的影响：不同的土地利用类型影响着水土保持的程度及氮磷元素的来源量，施肥量及牲畜排泄量直接影响氮磷元素的排放程度，土地距河流的远近影响面源污染的迁移扩散过程；面源污染的发生还受降雨影响，降雨具有间歇性，其强度大小又受到发生地的土壤类型、土地利用类型和地形条件的约束，从而具有显著的区域特征；此外，人口的变动也直接作用于面源污染。因此，结合现有收集资料，最终选择辽河源头区流域的人口密度、年降雨量、土地利用类型、至河流的距离、氮磷肥施用量、畜禽养殖污染物和年径流深七个影响因子构建了农业面源污染风险评估指标体系。

5.1.2　指标权重的确定

各影响因子对农业面源污染的危害程度不同，需要确定各影响因子和权重以获得更准确的得出污染风险等级[49]。此次采用层次分析法中的幂法确定影响因子权重。由于农业面源污染受多因子共同作用，且具有随机性、广泛性、模糊性和滞后性等特点，因此适合采用层次分析法[50]。分析得到各评价因子的权重（表5-1）。

表5-1　辽河源头区流域农业面源污染风险评价指标及权重

一级指标	二级指标	三级指标	权重
源因子	人为	人口密度	0.072
		畜禽养殖污染	0.113
		氮磷肥施用量	0.091
	自然	年降雨量	0.225
迁移因子		土地利用	0.155
		至河流的距离	0.100
		年径流深	0.245

5.2　面源风险评价影响因子的获取

5.2.1　人口密度因子

人口与面源污染的关系十分密切，人口数量的增长直接引起了污染物排放量的增多，空气污染以及水质污染等，是影响面源污染的重要因素之一。本书通过四平、辽源 2009 年年鉴得到辽河源头区各市县人口密度，采用反距离空间差值法得到辽河源头区人口密度（图5-1）。

5.2.2　年降雨量因子

降雨是影响地表土壤侵蚀和面源扩散的重要因素之一，而辽河源头区流域内降雨年际变化大，大部分降雨集中在夏季，对河流流量变化影响显著。本书采用研究区辽源气象站和梨树气象站的年降雨量数据，使用 ArcGIS 空间分析模块的插值功能将点数据形成趋势面，得到辽河源头区流域的年降雨量图层（图5-2）。

5.2.3　至河流的距离因子

不同土地距河流的远近程度对面源污染风险有着相当的影响，当评价尺度不断扩大到流域尺度时，地表径流和土壤侵蚀为主产生的面源污染会随着汇入水体而造成更大的风险，风险随着距河流的距离增加而减少，因此距河流距离成为制约面源污染扩散过程的一个重要因子[51-52]。基于 DEM 生成的水系图，利用 ARCGIS 软件的距离制图功能，得到距离因子图（图 5-3）。

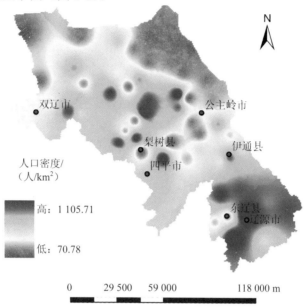

图 5-1 辽河源头区流域人口密度因子

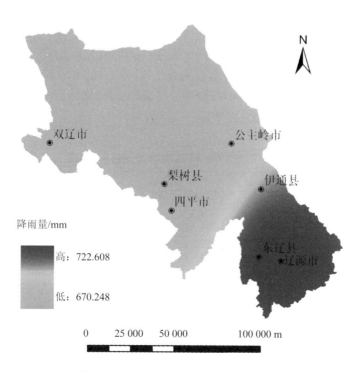

图 5-2 辽河源头区流域年降雨量因子

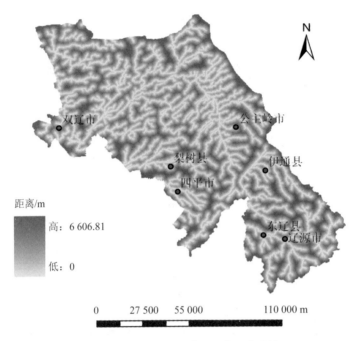

图 5-3　辽河源头区流域至河流距离因子

5.2.4　畜禽养殖污染物因子

　　近年来，随着四平和辽源地区经济的发展，辽河源头区的规模化养殖场和散户养殖数量与污染治理措施不相匹配，畜禽的粪便和污水排放量剧增，使得畜禽养殖业面源污染问题日益凸显。根据 2009 年四平及辽源统计年鉴，得到辽河源头区流域各地区畜禽养殖业情况，见表 5-2。

表 5-2　辽河源头区流域各地区畜禽养殖量

种类	四平地区					辽源地区	
	四平市区	双辽市	梨树县	公主岭市	伊通县	辽源市区	东辽县
猪/头	206 847	997 352	1 672 009	1 470 708	125 970	39 044	313 410
牛/头	43 570	287 707	420 919	259 781	123 582	12 983	246 283
羊/头	45 243	398 014	255 545	137 877	25 980	10 715	28 941
禽类/千只	1 724	18 667	20 084	13 284	5 379	1 667	3 436

　　结合《畜禽养殖业污染物排放标准》（GB 18596—2001）中的排泄系数和畜禽粪便中污染物的含量，确定 2009 年辽河源头区各县市氮、磷产生量，并按照《地表水环境质量标准》（GB 3838—2002）中三类标准求出等标污染负荷，折算得到辽河源头区的禽畜污染物密度（表 5-3）。利用 ARCGIS 软件得到该因子图层（图 5-4）。

表 5-3　辽河源头区流域各县市禽畜污染物密度　　　　单位：t/（km²·a）

密度	四平地区					辽源地区	
	四平市区	双辽市	梨树县	公主岭市	伊通县	辽源市区	东辽县
TN	10.23	9.16	9.09	9.24	9.40	6.66	5.69
TP	22.36	19.94	19.78	21.01	18.15	15.45	10.09
合计	32.60	29.10	28.87	30.26	27.55	22.12	15.78

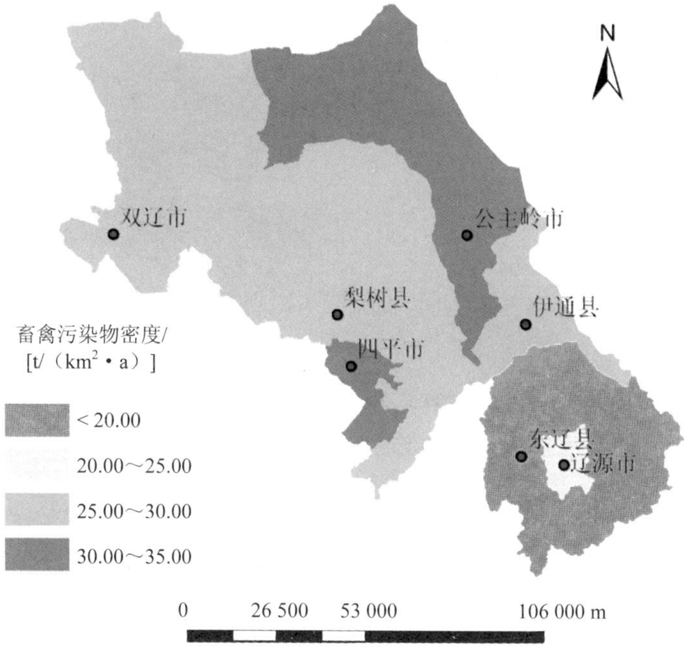

图 5-4　辽河源头区流域禽畜污染物因子

5.2.5　氮、磷肥施用量因子

施肥量是影响农业面源污染的重要因子，适量的施用化肥可以促进农作物生长，但超量施用化肥土壤会使养分过量富集，同时化肥随水土流失及地面径流汇入水体，造成水体富营养化。对辽河源头区各县市采用施肥量平均计算的方法，将获取的各县市氮磷肥使用量中氮、磷有效成分除以该地区面积，作为各县市的单位面积氮、磷含量，得到氮、磷肥施用量因子（图 5-5）。

5.2.6　土地利用类型因子

土地利用类型影响土壤保持水土的能力和氮磷元素的来源量[19]，土地利用方式的不同间接决定面源污染的程度。土地利用类型因子采用 2009 年美国陆地资源卫星 Landsat TM 影像进行遥感解译，划分为林地、草地、耕地、交通、住宅、水域以及未利用地。河源头区的土地利用类型因子见图 5-6。

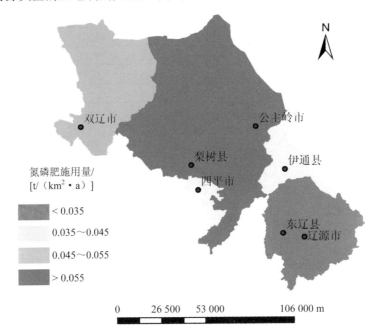

图 5-5 辽河源头区流域氮磷肥施用量因子

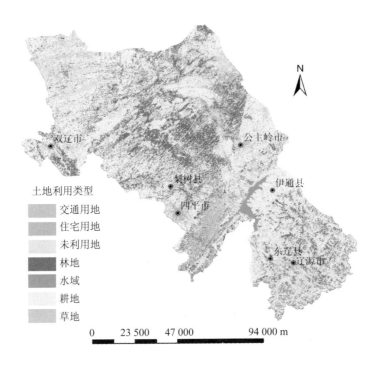

图 5-6 辽河源头区流域土地利用类型因子

5.2.7 年径流深因子

地表径流是污染物输入水体的主要动力机制，也是衡量地表径流量大小的重要依据。年径流深是指将年径流量均匀地铺在整个流域面积上所相当的水层深度[55]。本书采用辽河源头区流域 8 个水文站 1999—2009 年的日流量数据为基础，计算得到每个水文站 11 年的年径流量数据，在 ArcGIS 下插值计算生成流域年径流量栅格数据。多年平均径流量与流域面积的比值即为多年平均年径流深，通过 GIS 栅格计算获得各个栅格的年径流深分布（图 5-7）。

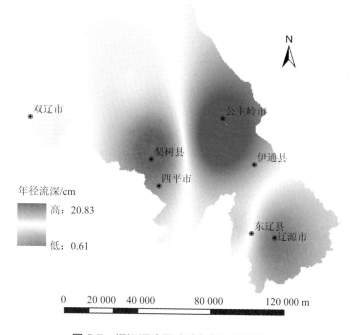

图 5-7 辽河源头区流域年径流深因子

5.3 面源污染风险综合模型的建立

对多种数据源进行预处理后，利用 Arc/Info 的 Grid 模块，以 30 m×30 m 栅格为研究单元，对数据进行标准化处理，将 7 个因子的栅格属性数据进行空间叠加得到综合指数栅格数据文件和属性表，采用多因子加权综合评分法，计算每个栅格的农业面源风险综合指数。

农业面源风险综合指数表示为：

$$R = \sum_{i=1}^{m} w_i \cdot P_i \qquad (5\text{-}1)$$

式中：w_i —— 各因子对农业面源污染风险程度的影响权重；

$\qquad P_i$ —— 各因子标准化后的等级分值。

分级标准的确定借鉴了前人的研究成果[56-57]，为反映农业面源污染风险的贡献程度，根据研究区实际情况对各影响因子的分级标准进行校正，最终将 7 个因子划分为四个级别（表 5-4），分布赋予 1～4 分，不同级别对农业面源污染风险程度贡献不同，级别越高贡献值越大。

表 5-4　农业面源污染风险影响因子分级表

因子类型	因子分级			
	一级	二级	三级	四级
人口密度因子/（人/km²）	<290	290～450	450～620	>620
年降雨量因子/mm	<680	680～690	690～700	>700
土地利用类型因子	林地、交通用地	未利用地、水域	住宅用地、草地	耕地
至河流的距离因子/m	<700	700～1 500	1 500～2 000	>2 000
施肥因子/[t/（km²·a）]	<0.035	0.035～0.045	0.045～0.055	>0.055
畜禽养殖污染物因子/[t/（km²·a）]	<20	20～25	25～30	>30
年径流深因子/cm	<5	5～10	15～20	>20

5.4　面源污染风险评价结果

根据农业面源风险综合指数公式，通过 GIS 的空间分析运算功能将各因子的评价值图件处理叠加，得到研究区内农业面源风险指数图，再根据分级标准将图件重分类得到流域尺度的农业面源风险评价图（图 5-8）。

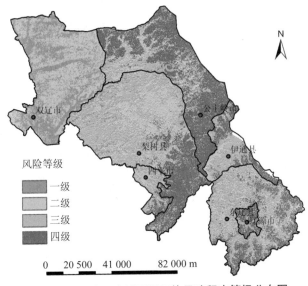

图 5-8　辽河源头区流域面源污染风险程度等级分布图

5.5 面源污染关键源区划分

5.5.1 关键源区划分原则

（1）地表景观相似性原则

土地利用方式是影响面源污染的关键性因素。土地利用方式取决于自然与社会经济因素，反过来又影响物质的输入输出、径流、土壤、植被等因素。这些与土地利用方式相关联的"因"与"果"决定了不同土地利用方式所产生的面源污染的巨大差异。不同的土地利用方式及其空间组合格局，造成地表景观的差异，同时各种污染物的输移在不同的景观类型中有不同的方式，因此不同的景观类型有不同的面源污染产流、产污过程，分区时应以地表景观相似为原则区划。

（2）主导因素与控制方向一致的原则

面源污染是众多因素综合作用的产物。不同的面源污染类型，主导因素也不同，其控制目标、治理方法与管理措施也有所不同。因此，同一区划单元主导因素、控制方向大致相同。

（3）基层行政单元界线完整性原则

面源污染的控制与管理，依靠镇（区）等基层行政机构去执行。以镇（区）作为分区的基本单元，保持镇（区）界线的完整性，便于区划结果在现行环境管理运作机制下的应用和推广。

5.5.2 关键源区划分结果

根据农业面源污染风险程度等级，参考关键源区划分原则，划分辽河源头区面源污染发生的关键源区，四级区即关键源区占流域面积的 21.77%，主要集中在梨树南部、公主岭东部和南部地区。主要分布在位于辽河源头区东北部、中部以及东南部丘陵区，人口密度、畜禽养殖污染物以及施肥因子高风险等级区内，且是坡耕地的主要分布区域。三级区占流域总面积的 37.45%，分布在除双辽县外辽河源头区大部分地区。二级区占流域面积的 30.03%，主要分布在梨树县、四平市的北部和公主岭市的西南部。二级和三级区位于中部和南部平原丘陵区，土地利用以旱地为主；地形阶梯状结构明显，由大部分的平原和小部分的丘陵组成，因此地形因子影响较小，畜禽污染因子和施肥因子影响较大，农田养分流失是本区的主要问题。一级区仅占流域面积的 10.75%，主要分布在双辽市，地处辽河源头区西部地，地势平缓，土地利用主要为耕地、住宅用地和未利用地，植被覆盖率较低。

5.5.3 关键源区管理控制措施

根据已经划定的辽河源头区流域面源污染关键源区，本章根据不同等级区的特点和实际情况，分别制定不同面源污染控制区域控制措施。

（1）畜禽养殖类面源污染控制措施

辽河源头区非规模化的养殖是控制禽畜养殖污染的关键，其中非规模化养殖占养殖总量约 75%，污染流失量很大。可将畜禽粪污沤制成有机肥，有效回收氮、磷、钾等元素，减少畜禽排泄带来的面源污染。

（2）土壤侵蚀类面源污染控制措施

针对流域土壤侵蚀严重的现状，对于坡耕地采用水土保持及生物措施，由于地梗植物带防止水土流失及 N、P 流失效果较好，可采用三种措施改变土地利用类型，分别为 25°以上坡耕地退耕还林；15°～25°坡耕地变为果园；25°以上荒草坡还林。

（3）岸边植被过滤带

选取不同植被种植在坡耕地的坡面形成植被过滤带，使坡面漫流时的农田面源污染物质得到截留和过滤。同时，植被过滤带作为截留、缓冲、吸收坡面地表径流的控制措施，可整体改善河流水质。

第6章

面源污染控制方案

本章根据不同关键源区的特点和实际情况，分别制定不同控制区域的最佳面源污染控制措施。

6.1 国内外研究现状

6.1.1 国外研究现状

面源污染的管理和控制方面的研究以美国的"最佳管理措施"最具代表性。它起源于 20 世纪 70 年代后期，发展于 80 年代初期，成型于 80 年代中后期。1972 年，美国联邦水污染控制法（FWPCA）首次明确提出控制面源污染，倡导以土地利用方式合理化为基础的"最佳管理措施"（Best Management Practices，BMPs），以便有效控制面源，如氮、磷对水生环境的危害[58]。

最佳管理措施（BMPs）定义为："任何能够减少或预防水资源污染的方法、措施或操作程序[59]，包括工程、非工程措施的操作和维护程序"（美国国家环保局），主要用来控制农业生产活动中污染物的产生和运移，防止污染物进入水体，避免农业面源污染的形成。BMPs 通过技术、规章和立法等手段来减少农业面源污染，其着重于源头的控制而不是污染物的处理[60]。具体来说，BMPs 包括工程措施、耕种措施、管理措施等类型，BMPs 通过有机结合这三种措施应用于农业面源污染的控制。

美国国家环保局、农业部水土保持局及各州级政府相应机构都有相应的"最佳管理措施"实施细则和办法。提倡运用非生物工程、生物工程措施削减面源污染，并在部分工程措施设计标准、效果评价和经济效益分析方面也有一定的发展。农业部设专款支持农民采用"最佳管理措施"发展生态农业，减少面源污染。水土保持局提供技术指导帮助地方政府控制水土流失。内政部和环保总署则建有全国范围的水质评价和水资源数据库、地理信息系统，以便快速为不同规模、层次的水资源规划和面源控制提供情报和信息。美国还在不同层次、不同性质部门建立面源监测、管理机构，管理、监测面源污染的起源、变化、形成机制，以便及时削减面源污染。政府还通过政策、税收鼓励、引导农民科学种田，避免滥施化肥和农药。同时，还在流域范围开展点源—面源污染总量控制和排污贸易，将面源纳入总量控制体系。美国国家环保局还设置了土地利用与水源水质监测参考项目表，用于与面源管理有关的水质检测。

随着对农业面源污染各项研究的深入与科学技术的进步，各种有效的BMPs措施将不断地出现，如何发现和充分利用这些措施手段将是未来努力的方向之一。同时，探寻不同BMPs措施的组合手段，提高其对农业面源污染的控制效果，也是一个重要的发展趋势。生命科学、生物技术以及信息科学的迅速发展为BMPs的发展提供了机遇，基因工程等新型生物技术在控制农业面源污染的应用正逐渐被人们所接受，而以3S技术为代表的信息科学在BMPs的研究中也得到了体现，为在区域乃至全球范围内BMPs的研究提供了新的技术手段，有望在BMPs与农业面源污染研究中取得明显进展，从而可以更好地实现农业面源污染的监测和评估。

6.1.2　国内研究现状

目前国内对农业面源污染的防治基本上采用管理措施与工程措施相结合。管理措施包括合理施用化肥和农药、采用无公害农药、配方施肥以及其他农业技术手段。而工程措施往往与水土保持相联系[61]，如北京地区坚持以水源保护为中心，按照"保护水源、改善环境、防治灾害、促进发展"的总要求，以构筑"生态修复、生态治理、生态保护"三道水土保持与面源污染防线为重点，建设清洁小流域。主要实施以下措施：源头控制作为水土保持与面源污染的综合治理，如在水库上游地区实施农业种植结构调整，有效减少面源污染，主要是通过农田实施退稻"三禁"（禁栽水稻、禁施化肥、禁用农药）即可节水又可减少化肥施用量；将农村的污水及生活垃圾的治理纳入小流域治理。注重水土流失和面源污染物迁移过程中的拦截和过滤，旨在保护饮用水水源，采用生态治河的理念，利用植物保护河堤，天然材料加固河堤，两岸路面采用透水砖，河道内栽种水生生物[62-64]。

我国在控制畜禽废弃物污染方面，还没有完全树立起优质高产农业与环境保护相协调的发展观。对于农村畜禽养殖等虽制定了相应的法规及标准，但养殖场牲畜排泄物无害化处理率及资源化率仍很低。

6.2　农村生活污染控制措施

6.2.1　政策建议

（1）积极建设文明生态村
生态村指生态系统承载能力的范围内，在生态系统自净能力上限之下，运用生态科学原理和生态链接工程而建设的村落，它的宜居水平比一般的普通村庄更适合人类居住，而文明生态村，就是三个文明建设成效显著、自然生态环境良好的行政村。搞好城镇化布局规划，因地制宜地建设文明生态村是未来农村建设的大趋势。国家对小城镇和文明生态村有统一的标准，如连接公路主村道和村内主干道硬化；推广使用沼气、垃圾定点存放、改水改厕，无柴草乱垛、粪土乱堆、垃圾乱倒、污水乱泼；农户房前院内种有树木、村内道路两旁植有行道树、村庄周围有绿化林带[65-66]。文明生态村的建立，可从源头预防、污染治理等方面减少农村生活污染。

（2）积极推进农业废物的综合利用

积极推广沼气池的应用，鼓励和扶持农村开发利用清洁能源，搞好作物秸秆等的资源化利用。以农村现有的植物秸秆、动物粪便为原料，利用沼气池等设施经过长时间的发酵，产生可再生清洁能源——沼气，为百姓提供燃气、照明等。利用沼气、太阳能等可再生能源，减少传统燃料、电能的消耗，从根本上巩固农村的生态环境建设。

（3）加强农村环境基础设施建设

目前流域内的农村环境保护基础设施建设薄弱，村、镇一级几乎没有大的垃圾、污水处理设施，大量生活废水、废气未经处理直接排放，生活垃圾随处堆放，严重影响了农村的生活环境。为改善农村环境，政府应加快农村环境保护基础设施的建设，在人口密集、污染物排放相对集中的村落建设污水处理厂和垃圾处理场，对污染物集中处理；对于分散居住的农户，鼓励采用低能耗、小型、分散式污水处理，从而有效减少农村生活产生的面源污染。

（4）加大宣传教育力度

充分利用广播、电视、报刊、网络等媒体，广泛宣传和普及农村环境保护知识，及时报道先进典型和成功经验，揭露和批评违法行为，提高农民群众的环境意识，调动农民群众参与农村环境保护的积极性和主动性。维护农民群众的环境权益，尊重农民群众的环境知情权、参与权和监督权，农村环境质量评价结果应定期向农民群众公布，对涉及农民群众环境权益的发展规划和建设项目，应当听取当地农民群众的意见。

6.2.2　技术手段

因地制宜处理农村生活污水。按照农村环境保护规划的要求，采取分散与集中处理相结合的方式，处理农村生活污水。居住比较分散、不具备条件的地区可采取分散处理方式处理生活污水；人口比较集中、有条件的地区要推进生活污水集中处理。新村庄建设规划要有环境保护的内容，配套建设生活污水和垃圾污染防治设施。

考虑流域农村地区财力状况薄弱、农民实际承受能力较低这一普遍情况，处理工艺着重考虑选用既成熟可靠，又适合农村特点和实际的污水处理技术。结合流域实地情况，建议使用自然处理系统及生物处理系统。

（1）人工湿地处理系统

人工湿地处理系统是在人工铺的基质上种植芦苇、大麻、香蒲、凤眼莲等水生植物，利用湿地构成的土壤、植物，水生动物和微生物共同过滤、吸收污染物的工艺。人工湿地处理系统是一种基于自然生态原理，使污水处理达到工程化、实用化的新技术，属于自然处理系统。将污水投配到生长有芦苇、香蒲等沼生植物的土地上，利用植物根系的吸收和微生物的作用，并经过一系列的物理、化学、生物作用，来达到降解污染物、净化水质的目的，它是一种充分利用地下人工介质中栖息的植物、微生物、植物根系，以及介质所具有的物理、化学特性，将污水净化的天然与人工处理相结合的复合工艺[67-68]。

人工湿地与传统污水处理厂相比具有投资少、运行成本低等明显优势，在农村地区，由于人口密度相对较小，人工湿地同传统污水处理厂相比，一般投资可节省1/3～1/2。在处理过程中，人工湿地基本上采用重力自流的方式，处理过程中基本无能耗、运行费用低，且人工湿地的运行管理简单、便捷，因此，在人口密度较低的农村地区，建设人工湿地比传统污水处理厂更加经济。

（2）地下土壤渗滤净化系统

地下土壤渗滤净化系统是一种基于自然生态原理，予以工程化、实用化而创造出的一种新型小规模污水净化工艺技术，是将污水有效地投配到一定构造、具有良好扩散性能的土层中，污水通过布水管周围的碎石和砂层，在土壤毛管作用下向附近土层中扩散。表层土壤有大量微生物，作物根区处于好氧状态，污水中的污染物质被过滤、吸附、降解。分散的几户或十几户人家适合采用该种系统[69-70]。

由于负荷低、停留时间长，水质净化效果非常好且稳定。地下土壤渗滤净化系统建设容易、维护管理简单、基建投资少、运行费用低。整个处理装置放在地下，不损害景观，不产生臭气。

（3）稳定塘

稳定塘是一种利用天然净化能力对污水进行处理的构筑物的总称。其净化过程与自然水体的自净过程相似。通常是将土地进行适当的人工修整，建成池塘，并设置围堤和防渗层，依靠塘内生长的藻、菌、浮游水生物、微生物等的综合作用达到净化污水。稳定塘污水处理系统具有基建投资和运转费用低、维护和维修简单、便于操作、能有效去除污水中的有机物和病原体、无须污泥处理等优点。

结合辽河源头区农村实际情况，建议采用生态系统塘，在塘内种植纤维管束水生植物，如芦苇、水花生、水浮莲、水葫芦等，能够有效地去除水中的污染物，尤其是对氮、磷有较好的去除效果；并在塘内养殖鱼、蚌、螺、鸭、鹅等，这些水产水禽与原生动物、浮游动物、底栖动物、细菌、藻类之间通过食物链构成复杂的生态系统，既能进一步净化水质，又可以使水中藻类的含量降低。

6.3　种植业污染控制措施

6.3.1　政策建议

（1）合理布局农业生态结构

辽河源头区丘陵、平原兼备，在农业开发过程中，由于忽视对土壤资源的保护，在降水的驱动作用下，水土流失严重，导致表土流失，携带氮、磷等养分进入水环境。由于各村、镇的生态条件不同，因此在农业开发中，应遵循生态学、生态经济学规律，对山、水、田、路统一规划，因地制宜布局流域生态农业，形成土壤侵蚀复合防控体系，减少土壤养分的流失，有效控制因水土流失导致的肥料污染。

（2）科学指导农民施肥

积极推广测土配方施肥技术，有针对性地科学指导农民施肥，减少或降低不合理施肥对环境的污染。因地制宜确定不同区域、不同作物的施肥量，优化施肥时期，有针对性地补充作物所需的营养元素，实现各种养分平衡供应，满足作物的实际需要，提高肥料利用率；鼓励多施有机肥料，倡导秸秆还田，提高土壤综合产出能力，提高农作物产量，降低生产成本，增加经济效益。推广应用新型肥料，强化引导农民应用复合肥。推广氮肥后移技术，提高肥料利用率，增产作物产量，降低化肥使用量。

（3）积极推进农家肥的施用

加强广积农家肥的政策引导，提倡有机肥和无机肥配合使用。有机肥营养全面、稳定性好、肥效长，但养分浓度低、肥效慢；无机肥养分浓度高，但稳定性差，肥效短，长期施用或使用不当会造成土壤板结、肥力下降。有机和无机肥配合施用，取长补短，既能减少化肥中养分的固定，又能促进有机肥中养分的分解释放，从而提高肥料利用率，提高作物增产效益。建立有机肥料生产与施用资金补贴政策，鼓励农民积极开发有机肥源，从税收、信贷、运输等环节对有机肥料产业给予政策支持。

（4）开展科学施肥宣传

通过电视、广播等渠道和途径，广泛开展科学施肥宣传，强化引导农民走上科学施肥理念的轨道上。利用不合理使用化肥对环境危害实例的宣传，使农民更深一步的了解合理施肥的重要性，提高农民对化肥的正确认识，提高科学施肥意识，树立生态文明理念，提高农民环境保护意识。

6.3.2　技术手段

（1）作物立体种植

作物立体种植是指在同一土地上多物种、多层次栽培植物，以充分利用立体空间资源，实现单位土地面积增产的农作方式。农作物立体种植，能够有效提高土地复种指数，减少土地全年裸露率，增加土壤的缓冲性能，有效控制土壤的侵蚀强度，减少土壤和养分的流失量。

辽河源头区农田利用方式主要以旱地为主，种植作物以玉米为主，建议玉米间作豆类植物或甘薯等；稻田间作建议在水稻生长期间放养红萍。红萍在水稻生长初期、后期能够有效平衡田间水中的氮、磷，减少氮、磷的流失。间作可提高土地利用率，增加土壤的生物覆盖度，且两种作物间作还可以产生互补作用，也是农业系统中提高作物产量和环境友好的种植方式。

（2）坡耕地面源污染阻控技术

坡耕地面源污染阻控技术是基于其产生的原因及迁移过程，通过在坡地上部沿等高线修建坡式梯田、地埂植物带和水平垄作等三种耕作方式，改变原有种植方式，以降低降雨径流期间内水土流失及营养物的流失，减少泥沙及污染物的入河量。在0.25°～3°斜坡上沿着等高线方向实施水平改垄等农业耕作措施，改变坡耕地的微地形，使之既能分段拦蓄地表径流、减少水土流失，同时有利于农作物生长。在3°～8°坡耕地每隔25 m左右修建地埂植物带，8°以上的坡耕地上每隔10 m左右修筑坡式梯田等，可以达到保水、保土、保肥目的，有效阻隔及削减漫垄面蚀和断垄冲沟引起的污染物流失及水土流失。

（3）河岸植被过滤带

辽河源地区多为低山丘陵区域，是水土流失主要发生源地，受自然因素水蚀和人为因素不合理的耕作方式影响，造成坡耕地水土流失严重。同时，由于长期超负荷耕作和大量使用化肥，导致土壤板结、土壤蓄水能力和稳渗率下降，加剧了坡面地表径流的产生和水土流失的发展。水土流失夹带着不被作物吸收的营养物质以污染物质的形式通过淋溶渗透、地表径流等进入水环境中。为了将受纳水体与农田隔开，使坡面漫流时的农田面源污染物质得到截留和过滤，植被过滤带作为截留、缓冲、吸收坡面地表径流的控制措施，整体改善河流水质。植被过滤带并非针对单一的污染源或土地利用类型，而是设置在可能被污染水体周围的、防止面源污染进入水体的最后屏障。

植被过滤带是基于林地护岸、靠近农田的草地不影响作物的生长，将草地与林带组合一起，单一、复合型（水平或垂直）植被过滤带均有截留减污效果。乔木选用本土柳树、过滤带宽度9 m以上截留减污效果较好。

6.4 畜禽养殖业污染控制措施

6.4.1 政策建议

（1）建立和完善环境管理体系

建议各级地方政府要制定发展规划及产业转型规划，合理布局、优化结构，重视对养殖业的源头管理。农业、环保等部门充分发挥职能作用，密切配合，开展长效的监管和服务机制。

形成法律、法规和技术规范的完整体系，通过建立和完善环境管理体系有效地控制畜禽养殖业的环境污染。根据相关法律法规及技术规范，对畜禽养殖的规划布局、备案管理、污染防治做出明确规定，重点解决规模以下养殖场无序设立、污染防治无法可依的问题。

（2）加强引导，支持和鼓励综合利用

畜禽废物含有大量的肥源，是农业生产中宝贵的资源，利用好畜禽有机肥，不仅可减轻畜禽废物对环境的污染，还可以改善土壤结构、提高土壤肥力，是农业可持续发展的重要保证。因而政府要加大对生态畜牧业建设的资金扶持，引导、鼓励和支持畜禽粪便及废物的综合利用。在资金方面要保障畜禽排泄物治理技术研究、规划编制、政策研究、监测监察等方面的工作经费，加大治污工程建设投入力度，奖励在清洁生产、粪污利用等方面做出突出成绩的单位和个人。

（3）坚持资源化、减量化、廉价化原则

鉴于辽河源头区畜禽养殖污染物排放量大的特点，在环境管理上，一是强调资源化原则。即在环境容量允许条件下，使畜禽废物最大限度地在农业生产中得到利用，利用形式可以多元化并依靠法规、政策强制监督实施。二是减量化原则。通过多种途径，实施"雨污分离、干湿分离、粪尿分离"等手段削减污染物的排放总量，减少处理和利用难度，降低处理成本。为提高资源化水平创造条件。三是廉价化原则。与工业污染防治不同，畜禽养殖业从总体上看整体利润率不高，而污染又相当严重，如果污染治理成本过高将使养殖业难以得到发展，只有通过科技进步，在资源化和减量化的前提下，研制高效、实用，特别是低廉的治理技术，才能真正实现畜禽养殖业的发展与环境保护的"双赢"。

6.4.2　技术手段

（1）粪便厌氧发酵处理

畜禽粪便中含有大量的有机肥，在高温（35~55℃）厌氧条件下利用厌氧菌的分解作用，将有机物经过厌氧消化作用转化为沼气和二氧化碳。利用沼气池对畜禽粪便进行厌氧发酵，不但可以杀灭病毒、细菌和各种寄生虫卵，而且还能生产出优质安全的有机速效肥，沼液、沼渣还田可生产无污染、无公害的粮食和各种经济作物。生产出的沼气是一种新型清洁能源，在农村用途很广，可用于炊事、照明、发电等，解决了农村燃料短缺和环境污染问题。

（2）粪便堆肥发酵处理

畜禽粪便中含有很多未被消化吸收的营养物质，如粗蛋白、脂肪、钙、磷、维生素等，但同时也含有许多潜在的有害物质，如重金属、药物、激素等。因此畜禽粪便只有经过无害化处理后才可用作饲料。堆肥发酵技术处理畜禽粪便是目前研究较多、应用较广的技术之一，是畜禽粪便无害化、安全化处理的有效手段。将无害化处理的粪便施入农田，增加土壤有机质，改良土壤结构，提高土壤肥力，减少环境污染。

（3）畜禽粪便饲料化

畜禽粪便中含有很多未被消化吸收的营养物质如粗蛋白、脂肪、纤维等，尤其是消化道较短的禽类，粪便经过适当处理后可再次被动物利用。畜禽粪便无害化处理后，只要控制好畜禽粪便的喂饲量，禁用畜禽治疗期的粪便饲料，并且家畜屠宰前不用畜禽粪便饲料，就可以消除畜禽粪便饲料对畜产品安全性的威胁。目前畜禽粪便饲料化的处理方法主要有高温干燥法、化学处理法、发酵法、氨化法及分离法。

6.5 水产养殖业污染控制措施

6.5.1 政策建议

（1）发展生态养殖

规范养殖行为，倡导生态养殖和可持续发展将是我国水产养殖业的必然选择。在使用饲料时，不但营养配比要合理，还要避免造成饲料的浪费或过度使用，并及时清除残饵，减少饲料沉积溶解对水体的污染。合理的养殖密度、科学的放养结构以及适度的鱼饵鱼药投入，才能使水体保持良好的生态环境。因此，在养殖设施的结构和布局上，应当充分考虑满足养殖品种健康生长所需的空间，科学规划养殖水面；同时要保证养殖水体的水质调控和净化能力不受过多影响，确定养殖水体对营养元素的负载能力在可控范围内，确定水体的养殖容量，最终确定合理的养殖密度。通过环境容量确定适宜的水产养殖规模，确定养殖水体对养殖的负载能力，对营养元素的负载能力，最终确定水体的养殖容量，以便科学规划养殖密度，减少对水体的污染，从而实现对养殖水体的可持续利用。

（2）加大渔政执法力度

要贯彻落实各项水产养殖管理制度，保证水产养殖行业的健康、可持续发展，必须建立一支素质高、能力强的水产养殖执法队伍。建议执法部门应当在以下两个环节加大执法力度。首先，应加大水产养殖业监督水域环境的执法力度，加快实施养殖证制度，规范养殖行为在养殖证制度的管理中，要分阶段循序渐进地进行执法监督，宣传与查处并重，达到规范养殖秩序的目的。其次，应当进一步加大水产养殖环境违法处罚力度。加大违法处罚力度，提高环境违法成本，当违法成本大于守法成本时，养殖户们才会重视环境保护。

（3）提高公众环保监督意识

加大水环境保护宣传力度，提高公众环保监督意识，公众的参与有利于提高政府决策的科学性、透明度；同时，公众可以协助主管部门发现、检举违规行为，提高对违法行为的查处率，加大打击力度。政府应当进一步加大环保宣传力度，通过电视、广播、报刊等新闻媒介，有针对性地组织开展多形式、多渠道的宣传活动，来宣传水产养殖法律法规，加强水生态、环保科普知识和相关政策的宣传，进一步提高公众环境保护的意识，使他们充分了解水产养殖中环境与资源协调发展的重要性和必要性，实现既保护好淡水生态环境，又使淡水养殖业保持健康、持续发展的良好局面。

6.5.2 技术手段

由于辽河源头区流域水产养殖业发展水平较为落后，养殖方式以池塘养殖为主，流域内工厂化养殖仅有 1 户，因此该地区水产养殖污染控制建议使用生态修复技术。

（1）池塘底质修复技术

水体底泥是渔业水域生态系统的重要组成部分，营养物质沉积于底泥中，在各种水动力学或水域环境发生变化时，营养物质溶出或再悬浮，造成水域的富营养化。底质修复技术是净化过程，建议使用如下措施：①晒塘与翻耕。经济成本低，可以提高底质氧化还原电位、提高土壤的矿化程度、改善团粒结构等。②施肥。养殖过程中土壤中的氮大部分都被利用，而碳则被合成为腐殖质而保留，将 N∶C 比提高到 1∶（12～15）即可大幅度提高有机物的分解速度，提高晒塘效率，缩短干塘时间。

（2）植被修复净化技术

利用水生植物根系或茎叶吸收、富集、降解或固定受污染水体中重金属离子或其他污染物，修复净化养殖水体，以实现消除或降低水体污染强度，达到修复的目的。建议通过种植水生植物来达到降污的目标。利用水生高等植物发达的根系和较大的叶面积，吸收大量氮、磷等营养盐和金属元素，通过从水体中收获这些植物，达到净化水质的目的。

（3）生物除藻技术

生物除藻技术是利用生态平衡原理，通过藻类的天敌及其分泌的化学物质来抑制藻类的生长和繁殖，并不是彻底消灭藻类。建议通过以藻制藻技术实现这一目标。以藻制藻主要指利用大型藻与微藻竞争营养源、光照，从而抑制微藻生长，并且大型藻分泌的化学物质能有效抑制微藻生长。最终大型藻可通过物理方法去除。

第7章

农业面源污染控制关键技术

针对辽河源头区坡耕地因地表径流引起的漫垄面蚀和断垄冲沟水土流失及面源污染现象，集成水土保持工程措施、生物工程措施和农业耕种措施等技术，控制水土流失及农业面源污染物流失，同时通过岸边植被过滤带配置技术使农业面源污染物进一步得到截留、过滤和吸收。在野外试验的基础上形成了"田间—岸边"多梯度、全方位治理小流域农业面源污染的技术体系。

7.1 面源污染控制技术研究进展

从面源污染发生及其产生的后果来看，可以从三种途径进行控制，分别为源头控制、过程控制和末端控制。源头控制是最有效、最经济的方法，另外污染物迁移过程中的生态截留技术也起着良好的削减作用。

源头控制技术包括科学施用化肥、改变土地利用及耕作方式等。研究表明，化肥使用量、使用方式、使用季节及其使用后降雨发生时间的不同将会产生不同的 N、P 流失效应，因此鼓励引导农民科学施肥，积极推广测土配方施肥技术，推行农田养分最佳管理，因地制宜确定不同区域、不同作物的施肥量，优化施肥时期，有针对性地补充作物所需的营养元素，实现各种养分平衡供应，满足作物的实际需要，提高肥料利用率，这些是减少农业面源污染的重要途径。

调整耕作方式、土地利用方式及灌溉措施对减少农业面源污染有着重要作用。带状耕作、少耕免耕、覆盖耕作等水土保持耕作技术不仅能有效控制水土流失，同时也能有效地控制农业面源污染。有研究表明沿等高线种植同顺坡种植相比，可减少土壤流失 30%左右；水平梯田可以减少土壤流失的 94%～95%、营养物质流失的 56%～92%；顺坡耕种改横垄耕作后，可减少 63%的土壤流失量及随土壤流失的吸附态氮磷负荷，有效地降低了农田养分的流失。不同土地利用方式对氮磷的需求量不同，因此不同植被覆盖对氮磷流失有不同的影响。实验表明，多场降雨径流中氮磷的平均浓度由高到低依次为板栗林、竹林、菜地和旱地，且悬浮态颗粒占总磷的 70%以上。因此在农业开发中，应遵循生态学、生态经济学规律，对山、水、田、路统一规划，因地制宜布局流域生态农业，形成土壤侵蚀复合防控体系，减少土壤养分的流失，有效地控制因水土流失导致的肥料污染。

农业面源污染的过程阻断技术包括人工湿地技术、植被过滤带等能够减少或预防水资源污染的方法。

人工湿地是控制面源污染的一条重要途径[71-72]，是 20 世纪 70 年代发展起来的新型修复技术。人工湿地具有氮磷去除能力强、操作简单、维护和运行费用低等特点，人工湿地建在农田和水体之间，通过吸附、吸收和降解等作用，减少氮、磷化合物和有机物入河量。我国自 20 世纪 90 年代初首次引进人工湿地技术处理农田径流污水，目前已在滇池、太湖、官厅水库、宜兴等地实施了人工湿地控制面源污染的工程实践[73]，并在畜禽粪便人工湿地小试装置研究方面取得一定成果[74-75]。

缓冲带和水陆交错带在面源污染控制方面也有大量研究成果，其作用机理在于通过建立有一定宽度、具有植被、与农田分割管理的地带，在植物生长作用下，吸收、沉淀、过滤农田地表径流中携带的营养物质、沉积物、有机质等，达到改善水质目的，是控制农业面源污染最为有效的形式之一[76]。以植被过滤带为例，该技术始于 20 世纪 60 年代中期，构建要素包括植物的组成和配置及过滤带形状和大小（长、宽及与点源面积的比值）。研究表明，过滤带对污染物的去除效果随其构建要素的变化而明显不同[77-78]。关于植被配置，草地过滤带对去除农田地表径流沉积物和污染物的效果显著[79-80]，草种选择合适与否对草地过滤带过滤沉淀物影响极大[81]；林木过滤带由于林下枯落物层的存在对径流沉积物的拦阻效果等同于草地过滤带[82]；复合植被过滤带较单一植被过滤带在污染物去除效果和长期有效性方面有优势[83]。植被过滤带形状和大小也是重要影响因素，植被过滤带越宽，过滤作用越显著[84]。Magette[85]等提出随地表径流流经过滤带时间的加长、过滤带面积与污染物面积比值的减小，过滤带的有效性降低。Helners[86]等建立了数学模型来模拟植被过滤带中的径流和泥沙沉淀。侯丽萍[87]等指出我国河岸带农田细碎的小规模经营的国情决定了河岸缓冲带的设计要考虑到农田的具体利用方式和雨洪进入河道的实际情况，在山区，应以保持水土为目标功能。植被过滤带的持续有效还与它是否能得到适当的经营管理、有无经济效益等因素有关。随着径流泥沙及污染物在过滤带的逐渐增多，过滤带有可能从污染沉降点变为输出源，而适当的经营措施，如对草被过滤带适当放牧或刈割[88]、林木过滤带间伐[89]等，可延长过滤带寿命。

农业面源污染末端治理技术包括前置库技术等。前置库技术是利用水库的蓄水功能，将径流污水截留在水库中，经物理、化学、生物作用净化后，排入所要保护的水体。前置库技术始于 20 世纪 50 年代后期，90 年代初在我国推广应用，在云南滇池和于桥水库等地取得明显成绩，其污染负荷得到大量削减。

7.2 坡耕地面源污染控制关键技术

根据辽河源头区面源污染特征，首先采取源头控制策略，集成农药减量化、肥料减量化等技术并进行示范，有效降低面源污染源；其次采取污染途径控制策略，集成水土保持坡地工程、沟壑治理工程等技术，构建面源污染控制体系并进行示范，有效降低水土流失，降低面源对水体的污染。

主要开展两方面工作。一是控制化肥施入量、减少化学农药使用量的面源污染源头控制研究，一是水土保持坡耕地治理技术、沟壑治理技术面源污染途径控制研究与示范。

7.2.1 野外试验设计

（1）试验区地点的选择

选择坡度 5°～10°坡耕地实施试验小区建设，选择当地较典型的土壤，土壤肥力中等，坡下的排水系统排水管线能接到附近的排水沟。经对辽河源镇各流域实地踏查，确定辽河流域东辽县辽河源镇会中 2 组约 4 000 m² 的坡耕地进行试验小区建设，中心高程 346 m，作物种植种类为玉米。

（2）试验小区设计

试验小区包括三大部分内容：集流小区、集排水系统及自动气象监测系统。

集流小区设计：在坡耕地上顺着坡的走向建设 5 m×30 m 的集流池，每个集流池之间等间距分隔开，间距为 1.2 m，采用红砖铺设。集流池的坡上及两侧采用水泥板隔离，防止坡上来水及两侧雨水径流渗入，坡下与集流槽相接。水泥板设计为2.0 m×0.6 m，水泥板地下埋深 0.3 m、地上露出 0.3 m。集流小区建设见图 7-1。

图 7-1　集流小区建设图

集排水系统设计：集排水系统包括集水槽、集水桶、排水池、排水管等。集流小区下雨径流水先进入集水槽，然后排入集水桶，待水样采集及水量测定后，打开阀门放出至排水池，通过排水管线排向排水沟（图7-2）。

图7-2　面源污染控制径流集水和排水系统

集水槽设立在集流小区下部，深0.5 m，砖混结构，集水槽上部采用石棉瓦搭建的雨棚。集水桶为钢板结构，体积为1 m×1 m×1 m，每个集流小区下设两个集流桶，集流桶与集流桶之间、集流桶与集水槽之间采用钢板结构组件连接。排水池深2 m，砖混结构，底部垫层0.5 m。排水管为PV管材，管径200 mm，排水管接排水池底部引至排水沟。

径流雨水的收集方式：每次强降雨后，收集集流桶内的水样，记录集流桶内的水深（用于计算集流小区的径流量），同时记录降雨情况（包括降雨历时、强度等）。每次对集流桶内采集的水样进行分析，测试分析的项目为 COD、NH_3-N 和 TP 等。

自动气象监测系统：在距试验小区约200 m的农户院内安放自动气象站，用于监测降雨历时、降雨量、降雨强度等。

（3）集流小区内试验内容布设

试验内容的布设是基于坡耕地面源污染物源头及迁移过程采取的阻控措施进行设置的。共布设8个试验小区，其中裸地2处、坡地治理工程3处，用于研究面源污染途径治理技术；背景小区1处，农药减量化小区1处，肥料减量化小区1处，用于研究面源源头污染控制治理技术。

试验小区具体设置情况见表7-1。

表 7-1　试验小区设置情况一览表

编号	小区名称	坡度	种植方式	备注
1	裸地	4.8°	植被自然生长，地表平整，不设耕作垄	面源污染途径控制治理技术试验小区
2	地梗植物带	5.0°	池内设三道梗，顶宽 0.5 m，梗高 0.5 m，田坎 0.5～0.7 m，梗距 10 m，地梗在梗下取土，截面结构为：$B×L×H$=0.5 m×1.5 m×0.5 m，以熟土为主，梗上栽植紫穗槐，品字形栽植，池内地梗外空地种植玉米	
3	水平梯田	5.2°	池内设五道梗，顶宽 0.3 m，田面净宽为 6 m，田坎坡度 60°，池内地梗外空地种植玉米	
4	顺坡垄	5.5°	种植玉米，但耕作垄为顺坡垄	
5	裸地	6.1°	植被自然生长，地表平整，不设耕作垄	面源污染源头控制治理技术试验小区
6	农药减量	6.1°	种植玉米，耕作垄为横垄，但最大限度减少农药使用量，采取人工除草方式	
7	肥料减量	6.5°	种植玉米，耕作垄为横垄，但最大限度减少肥料使用量	
8	背景池	7.8°	种植玉米，耕作垄为横垄，农药、肥料等施用量均按当地种植习惯施用	

（4）试验作物及耕作方式

按当地种植习惯种植玉米。其中两个裸地区块对小区内土地平整后，不再对区块内植被进行干预，由当地土著物种自行繁衍生长；农药减量化小区和肥料减量化小区内玉米作物除最大限度降低农药和化肥使用量外，其余仍按当地习惯种植，农药减量化小区内除草采取人工除草方式。

7.2.2　坡耕地面源污染控制实验结果

7.2.2.1　面源污染途径控制对降雨径流量影响分析

（1）计算方法

第一集流桶水满后，容积为 0.8 m³，第二集流桶水量的 9 倍与第一集流桶容积之和即为径流小区总径流量。试验小区径流量计算方法如下：

$$Q = \frac{(H_1 + H_2 \times 9) \times S}{100} \times 10^4 \Big/ A \tag{7-1}$$

式中：Q——试验小区径流量，m³/hm²；

　　　　H_1——第一集流桶内水深，cm；

　　　　H_2——第二集流桶内水深，cm；

　　　　S——集流桶底面积，m²（每个集流桶底面积为 1 m²）；

　　　　A——试验小区面积，m²（每个试验小区面积为 150 m²）。

（2）试验数据统计及分析

各集流桶收集到径流共计 19 次，通过对降雨径流阻控措施统计分析，分别统计各年度各阻控措施下对降雨径流量的截留效果，统计结果见表 7-2，变化趋势见图 7-3。

表 7-2 面源污染途径控制措施对降雨径流量的变化分析

集流桶	阻控措施	2009 年		2010 年		2011 年	
		径流量/（m³/hm²）	比例/%	径流量/（m³/hm²）	比例/%	径流量/（m³/hm²）	比例/%
1 号	裸地（自然植被）	320.67	38.68	910.67	23.54	1.33	0.61
2 号	地埂植物带	6.00	0.72	341.33	8.82	1.67	0.77
3 号	水平梯田	22.33	2.69	263.33	6.81	6.33	2.92
4 号	顺坡垄	431.33	52.03	1 303.67	33.70	189.33	87.25
8 号	背景池（横垄）	48.67	5.87	1 049.00	27.12	18.33	8.45

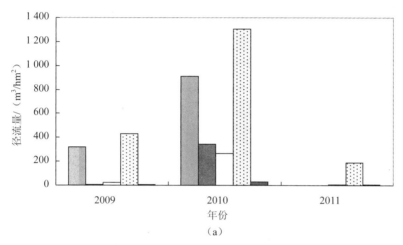

（a）

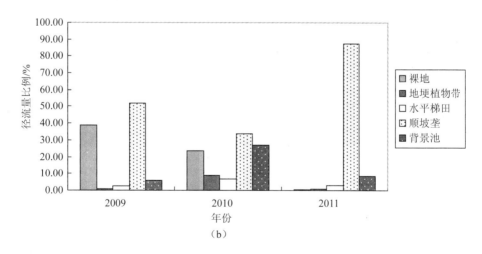

（b）

图 7-3 污染途径控制措施对降雨径流量的变化分析

各种阻控措施条件下降雨径流在很大程度上受降雨强度影响，但在相同试验条件下，仍可明显看出不同阻控措施间对降雨径流量引起的变化。

3 年野外试验对降雨径流统计分析表明，裸地（自然植被）小区内植被自然生长时，随试验时间的增加，地表植被越来越茂盛，对降雨径流阻控措施也越来越明显，径流收集量比例逐年降低，2011 年收集到 3 次降雨径流中，仅 1 次在裸地（自然植被）小区内收集到少量径流。本次试验小区内自然植被均为草本植被，若在坡地自然生长条件下，乔木、灌木等植被生长时将进一步增强对坡地降雨径流的涵养能力，更有利于减少坡地径流的形成。

地埂植物带试验小区内，随着地埂上紫穗槐（包括草本植物）的生长，降雨径流也发生明显变化，2009 年小区建成第一年，紫穗槐成活，对地表径流量起到较好阻控作用；经过 2009 年冬季后，部分紫穗槐死亡，2010 年时地埂对径流仍有较强阻控作用，但与 2009 年相比略有降低；至 2011 年后，成活的紫穗槐成长壮大，且地埂上草本植物也越来越茂盛，对地表径流阻控作用更加明显。

水平梯田试验小区对降雨径流变化影响趋势与地埂植物带基本相当，但随着后期地埂植被的生长，水平梯田对径流阻控效果比地埂植物带措施要低。

顺坡垄试验小区内降雨径流最为明显，在各年度试验中，其比例均为最大，说明顺坡垄的耕作方式最不利于坡地面源污染控制。

综合分析，随着耕作时期的逐渐延长，各种阻控措施对降雨径流的阻控作用应该是裸地（植被自然生长）＞地埂植物带＞水平梯田＞横垄＞顺坡垄。

7.2.2.2 面源污染途径控制对污染物截留效果分析

（1）计算方法

$$W_i = Q \times C_i / 1\,000 \tag{7-2}$$

式中：W_i——第 i 种污染物流失量，kg/hm²；

Q ——各试验小区径流量，m³/hm²；

C_i——集流桶内第 i 种污染物质量浓度，mg/L。

（2）试验数据统计及分析

对每次采样进行监测，并统计三年来不同污染途径控制措施条件下各污染物流失量所占比例，统计分析结果见表 7-3 和表 7-4，对污染物的截留效果见图 7-4。

表 7-3　各面源污染途径控制措施条件下污染物流失量比例　　　　单位：%

集流桶	阻控措施	2009 年	2010 年	2011 年
1 号	裸地	28.29	19.87	0.14
2 号	地埂植物带	0.32	6.43	0.00
3 号	水平梯田	4.30	5.93	1.11
4 号	顺坡垄	63.56	39.50	89.49
8 号	背景池	3.52	28.27	9.26

表 7-4　面源污染途径控制措施条件下污染物流失量统计表　　单位：kg/hm²

年份	集流桶	控制措施	COD$_{Cr}$	COD$_{Mn}$	NH$_3$-N	TP
2009 年	1 号	裸地	16.683	8.530	0.253	0.055
	2 号	地埂植物带	0.162	0.062	0.005	0.001
	3 号	水平梯田	2.837	0.731	0.048	0.010
	4 号	顺坡垄	37.899	17.898	0.724	0.104
	8 号	背景池	1.621	0.565	0.053	0.008
2010 年	1 号	裸地	14.199	4.414	0.674	0.085
	2 号	地埂植物带	5.123	1.259	0.257	0.025
	3 号	水平梯田	4.030	0.829	0.355	0.028
	4 号	顺坡垄	25.046	5.663	2.312	0.198
	8 号	背景池	18.459	3.484	1.571	0.164
2011 年	1 号	裸地	0.009	0.004	0.000	0.000
	2 号	地埂植物带	0.000	0.000	0.000	0.000
	3 号	水平梯田	0.031	0.011	0.011	0.000
	4 号	顺坡垄	3.977	1.463	0.314	0.036
	8 号	背景池	0.472	0.164	0.041	0.002

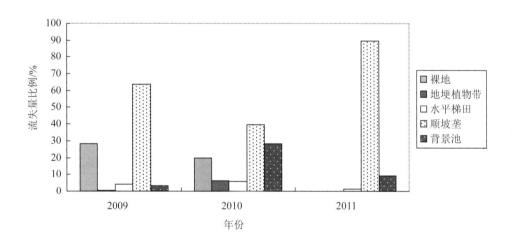

图 7-4　污染途径控制措施条件下污染物流失量对比分析图

　　以上数据分析表明，污染物流失量与降雨径流量密切相关，径流量越大，污染物流失量越多，流失量的变化趋势与径流量变化趋势基本相同。其中裸地小区污染物流失量变化非常明显，随着试验的开展，裸地小区自然植被越来越茂盛，对降雨径流阻控措施也越来越明显，同时污染物流失量越来越低，至 2011 年试验时，流失量比例仅占总流失量的 0.14%。

　　地埂植物带试验小区对污染物流失量阻控效果比较明显，从试验第一年开始即发挥出很好的阻控作用，随着地埂上植被的繁衍，可有效减少污染物的流失，是治理坡地面源污染较好的阻控措施之一。

水平梯田试验小区对污染物流失量的阻控效果略低于地埂植物带，其变化趋势与地埂植物带相同，变化幅度更趋于平缓，从污染物阻控效果看，也是治理坡地面源污染的良好措施之一。

顺坡垄的耕作方式不仅不利于控制降雨径流的产生，而且将产生大量的污染物流失，随地表径流进入水体，从而增加趋于地表水体的污染负荷，同时大大降低土壤肥力，不利于作物生长，从种植角度和污染防治角度看，是最不利于控制坡地面源污染的种植方案。

7.2.2.3 面源污染源头控制对污染物截留效果分析

（1）计算方法

$$W_i = Q \times C_i / 1\,000 \qquad (7-3)$$

式中：W_i——第 i 种污染物流失量，kg/hm^2；

$\quad\ \ Q$——各试验小区径流量，m^3/hm^2；

$\quad\ \ C_i$——集流桶内第 i 种污染物浓度，mg/L。

（2）试验数据统计及分析

根据面源污染源头控制措施方案试验数据分析，掌握污染源头控制的有效性，对不同阻控方案下污染物流失量及所占比例统计分析结果见表 7-5 和表 7-6，对污染物流失的控制效果见图 7-5。

表 7-5　各面源污染源头控制措施条件下污染物流失量统计表　　　　　单位：kg/hm^2

年份	集流桶	控制措施	COD$_{Cr}$	COD$_{Mn}$	NH$_3$-N	TP
2009 年	5 号	裸地	16.556	5.713	0.432	0.071
	6 号	农药减量	2.771	0.637	0.046	0.012
	7 号	肥料减量	2.885	0.551	0.120	0.012
	8 号	背景池	1.621	0.565	0.053	0.008
2010 年	5 号	裸地	7.888	1.227	0.299	0.029
	6 号	农药减量	9.319	1.268	0.371	0.039
	7 号	肥料减量	22.085	3.118	1.029	0.129
	8 号	背景池	18.459	3.484	1.571	0.164
2011 年	5 号	裸地	0.009	0.004	0.000	0.000
	6 号	农药减量	0.593	0.159	0.033	0.001
	7 号	肥料减量	0.395	0.140	0.034	0.001
	8 号	背景池	0.472	0.164	0.041	0.002

表 7-6 各面源污染源头控制措施条件下污染物流失量比例   单位：%

集流桶	阻控措施	2009 年	2010 年	2011 年
5 号	裸地	70.26	11.11	0.55
6 号	农药减量	9.81	13.07	32.92
7 号	肥料减量	12.41	34.91	29.20
8 号	背景池	7.52	40.91	37.33

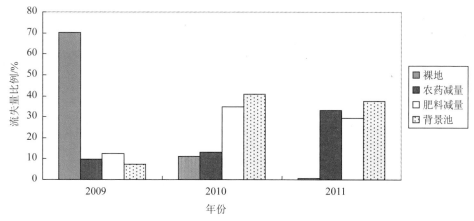

图 7-5 源头控制措施条件下污染物流失量对比分析图

分析表明，农药减量和肥料减量两种措施条件下，污染物流失量与背景试验条件相差不明显。在 2009 年试验初期时，由于租用地块多年的种植基础，第一年污染物源头控制基本未达到污染物控制的目的，随着试验时间的延长，农药减量和肥料减量两种措施地块土壤中污染物逐年减少，污染源头控制效果逐渐体现，污染物流失量比例均低于背景地块。

然而各地块与裸地相比，随着试验的进行，裸地控制效果越来越明显，其原因首先是裸地地块植被逐渐繁茂，对地表径流阻控效果明显增加，其次是裸地地块多年不使用农药和化肥，土壤中污染物含量也越来越低。两种效果相辅相成，使裸地地块污染物流失量仅占很小比例。

7.2.2.4 不同耕种节点污染物流失规律分析

（1）统计计算方法

单位降雨污染物流失量表示为：

$$w_i = W_i / P \tag{7-4}$$

式中：W_i——第 i 种污染物流失量，kg/hm^2；

P——径流收集当天降雨量，mm。

（2）结果分析

在 3 年的试验研究中，2009 年研究初期受租用地块多年的种植基础的影响和试验初期各种阻控措施的不稳定性，其研究数据的规律性相对较差；2011 年受气候条件影响，当年降雨量相对较小，特别是形成径流的降雨次数则更少，因此研究数据量相对不足；2010 年从作物播种开始至作物收获为止，获得多组试验数据。本次耕种节点污染物流失规律分析主要以 2010 年试验数据为基础，以氨氮和总磷为研究对象，分析单位降雨量条件下，单位面积污染物流失量的变化规律。如图 7-6 和图 7-7。

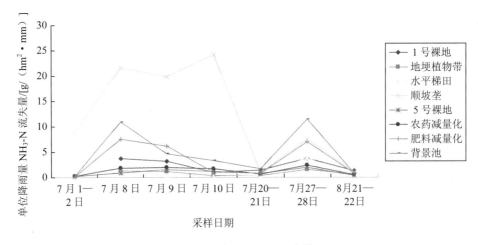

图 7-6 不同时期 NH$_3$-N 流失量图

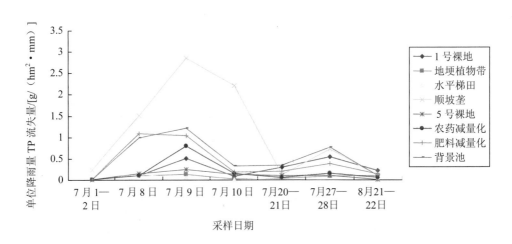

图 7-7 不同时期 TP 流失量图

从不同时期 NH$_3$-N、TP 污染物单位流失量来看，北方开始进入雨季阶段，第一次降雨后（7 月 2 日）污染物流失量较小；按当地种植习惯，降雨后开始对农作物进行追肥，因此，随后的第二次降雨（7 月 8 日、9 日）污染物流失量大幅增加，特别是顺坡垄种植方式，NH_3-N 流失量最高达到 21.66 g/（hm^2·mm），TP 流失量高达 2.86 g/（hm^2·mm），随后，污染物流失量开始下降，说明作物追肥后，在一段时间内，肥料流失将对区域地表水中污染物产生一定的贡献，但随着作物的生长，肥料流失量逐渐下降，随后，7 月 22 日对种植小区喷洒农药，主要为除草剂，至 7 月 27 日、28 日降雨收集径流，在一段时期内，污染物流失量又有一定的升高，至 8 月 21 日以后，污染物流失量又逐渐下降。

以上分析表明，当地施肥、打药等农业生产活动确实将对区域地表水环境产生一定影响，但这种影响仅限于施肥、打药后的一段时期内会有较大幅度提高。

7.2.2.5　坡耕地面源污染控制实验结果

面源污染途径控制对污染物截留效果与各种阻控措施对降雨径流的阻控作用相似，阻控效果裸地（植被自然生长）＞地埂植物带＞水平梯田＞横垄＞顺坡垄。

面源污染源头控制中农药减量和肥料减量两种措施条件下，污染物流失量与背景试验条件相差不十分明显。

污染物流失量与各阻控措施密切相关，主要受降雨流失量影响较大，为减少坡地面源对地表水系的污染影响，最佳方式是退耕还林、退耕还草，从污染途径上有利降低面源污染。若耕地难于退还的情况下，可采取地埂植物带或水平梯田措施，尽量从面源污染途径角度加以控制。同时提高化肥利用率、推广测土配方施肥技术，禁止高毒高残留农药的使用，积极实施化学农药减量使用工程，从面源污染源头控制角度加以辅助，最大限度降低坡地面源对地表水环境的影响，使辽河源头区水环境污染现状得以改善。

7.3　河流生态修复关键技术

河流生态修复目前最认同的理念是近自然修复，也是一种前景广阔的生态修复技术。河流修复应遵循贴近自然、增强空间异质、工程安全和可持续等原则，不采用或少采用硬质化技术和材料，使修复的河流能够更接近自然状态。河岸植被过滤带是目前我国正在发展及研究的面源污染控制及河岸生态修复措施之一。因此着重研究辽河源头区河岸植被过滤带合理配置技术。

7.3.1　野外试验设计

7.3.1.1　植被过滤带设计目的及原则

（1）设计目的

辽河河源地区多为低山丘陵区域，是水土流失主要发生地。受自然因素水蚀和人为因素不合理的耕作方式影响，造成坡耕地水土流失严重，同时，由于长期超负荷耕作和大量使用化肥，导致土壤板结、土壤蓄水能力和稳渗率下降，加剧了坡面地表径流和水土流失。水土流失夹带着不被作物吸收的营养物质以污染物质的形式通过淋溶渗透、地表径流等进入水环境中。北方地区农田施肥后降雨季节也随之而来，植被过滤带设置目的是通过岸边过滤带的作用将受纳水体与农田隔开，坡面漫流时通过过滤带的农田面源污染物质得到截留、过滤或吸收，降低径流污染物入河量。

（2）设计原则

河岸植被过滤带按照其服务功能分为三部分，分别为岸边带、中间净化带、外围净化带。

岸边带主要起到固岸护坡作用。河岸带以本地河岸树种和灌丛为优势种的沿河条带，不同种类的组合形成一个长期而稳定的落叶期。

中间净化带以本地河岸树种及灌丛为主。河边带和中间带的共同目的在于为缓冲作用提供稳定且足够的水土接触，为养分在树木中较长的分离过程提供作用时间和促进物质能源循环。

外围净化带：外围带位于河岸植物群落净化带的最外侧，与农田相邻，将集流转变为潜层片流。植被为多年生的密植草地。

7.3.1.2 试验小区设计

（1）试验区地点的选择

试验地点设在辽河一级支流东辽河源头辽河源镇泉涌小流域，选择坡面较长、坡脚在河岸边的坡耕地上，占地面积 600 m^2。

（2）试验小区设计

依据河岸现有植物及组成，在遵循生物多样性、适应性及乡土性等原则基础上，结合辽河源头区的地域特点及河岸植被净化带服务功能，在河岸边开展了乔木、灌木、草被不同组合的"三带""双带""单带"植被净化带野外试验，"三带"由岸边带、中间净化带及外围净化带组成。优选植物为：岸边带以当地速生、耐湿乔木柳树配置，中间净化带以紫穗槐配置为主，外围净化带以芦蒿及杂草配置；"双带"由乔木柳树-蒿草组成及紫穗槐-蒿草组成；"单带"由蒿草组成。

根据坡脚下可利用坡耕地面积，共布设 4 个试验区块，分别为乔草试验小区、灌草试验小区、草地试验小区（图 7-8）、乔灌草复合试验小区（图 7-9），小区规模为10 m×10 m。

具体设置如下：

1$^\#$乔草池：株间距 1 m，行距 1.5 m，共 70 株，草自然生长。

2$^\#$乔灌草池：乔木 3 行，株间距 1 m，行距 1.5 m；灌木 7 行，株间距 0.3 m，行距 0.5 m，草自然生长。

3$^\#$灌草池：栽植 17 行，株间距 0.3 m，行距 0.5 m，草自然生长。

4$^\#$草池：自然植被以蒿草为主。

图 7-8　草地试验小区　　　　　　　图 7-9　乔灌草试验小区

集排水系统：试验小区上游设一集水沟，沟底宽 0.2 m、顶宽 0.4 m，沟底及旁侧采用塑料薄膜铺垫，防渗透，收集上游坡面径流水，水样设定名称为过滤带上。每个小区下游分别设置排水沟，沟底宽 0.2 m、顶宽 0.4 m，沟底及旁侧采用塑料薄膜铺垫，防渗透，水样设定名称为乔草池过滤带下、乔灌草池过滤带下、灌草池过滤带下和草池过滤带下。

监测频次随降雨强度、降雨历时而定，初步定为坡面漫流阶段，进行水样收集及监测。分析方法按国家有关规定进行。监测指标为氨氮、TP、高锰酸盐指数、COD 等。

7.3.1.3　树、草种选择

（1）乔木

选择根系发达，根蘖萌芽力强、生长快，覆盖或郁闭性好，能在短期内起到水土保持的作用；抗逆性好，适合本地的乡土气候或有较强的地理环境适应性；具有截留固氮、固土保水和吸湿改土功能。

试验选择本地种柳树。

柳（学名 *Salixmatsudana*），杨柳科柳属。别名立柳、直柳。落叶乔木，喜光，不耐庇荫；耐寒性强；喜水湿，亦耐干旱。对土壤要求不严，萌芽力强，根系发达，主根深，侧根和须根分布于各土层中。其树皮在受到水浸时，能很快长出新根浮于水中。喜湿润排水、通气良好的沙壤土，在干瘠沙地、低湿河滩和弱盐碱地上均能生长，而以肥沃、疏松、潮湿土上最为适宜，在固结、黏重土壤及重盐碱地上生长不良，容易烂根，甚至死亡。固土、抗风力强，不怕沙压。旱柳树皮在受到水浸时，能很快长出新根悬浮于水中，这是它怕水淹和扦插易活的重要原因，对病虫害及大气污染的抵抗性较强。

（2）灌木

选择耐寒强、生长快、生长期长、枝叶繁密、萌蘖性强、根系广等特点的树种。

紫穗槐是当地随处可见的灌木。

试验选择紫穗槐。

紫穗槐（学名 *Amorpha fruticosa* L.），豆科紫穗槐属，别名棉槐、椒条、棉条、穗花槐。喜光，耐寒、耐旱、耐湿、耐盐碱、抗风沙、抗逆性极强的灌木，在荒山坡、道路旁、河岸、盐碱地均可生长，可用种子繁殖及进行根萌芽无性繁殖，侧根发达，萌芽力强，是固土护坡的优良树种。

（3）草种

当地优势草种，以蒿、杂类草为主。当地蒿类主要以芦蒿、万年蒿常见。林下、林缘、山沟和河谷两岸，以及平原沟边、塘沿及水田埂边芦蒿是优势种。低山丘陵坡地，尤其是阳坡、半阳坡水分条件差，生境干旱，万年蒿为优势种，且常与丛生禾草和杂类草形成群落。

芦蒿（学名 *Artemisia selengensis*），菊科蒿属，别名蒌蒿、水蒿、柳叶蒿、驴蒿、藜蒿、香艾、小艾、水艾。芦蒿是多年生草本植物，植株具有清香气味。主根不明显或稍明显，且多数侧根与纤维状须根，根状茎稍粗，直立或斜向上，直径4～10 mm，有匍匐地下茎。茎少数或单个，高 60～150 cm，下部通常半木质化。芦蒿是湿中生耐阴性的多年生草本植物。北方一般 4 月中、下旬萌发，7 月开花，8 月下旬至 9 月上旬成熟，10 月中旬植株枯黄。多生于森林、林地草原和平原地带。常见于林下、林缘、山沟和河谷两岸，也见于平原沟边、塘沿及水田埂边。是草甸和沼泽化草甸的伴生种。在局部地区，如水沟、水田边或水池岸边可成为优势种。有时也散生于村舍附近、路边、田边，成为常见的杂草。芦蒿具长根茎，在地下形成密集根层，地上繁衍能力很强。

万年蒿（学名 *Artemisia gmelinii* Web.ex Stechm），菊科蒿属，别名白莲蒿、铁秆蒿。多年生草本，半灌木状，高 30～100 cm。万年蒿抗旱力较强。种子繁殖力很强，根蘖也很发达，从母株不断长出新枝条。具有一定耐寒性。多处于低山丘陵坡地，尤其是阳坡、半阳坡水分条件差，生境干旱地区。万年蒿常与丛生禾草和杂类草形成群落，共建种有多种计茅（*Stipa*）、棱狐茅（*FeStuca sulcata*），冰草（*Agropyron cristainm*）等。

选择在河岸边试验，因此选择河岸优势种——芦蒿。

7.3.1.4 试验研究内容

植被过滤带设计在坡面较长、坡面漫流流经的地区，设计为条带状。过滤带的减污仅在一定的降雨强度、降雨历时条件下，引起坡面漫流时才能起作用。本次研究基于林地护岸、靠近农田的草地不影响作物的生长，将草地与林带组合一起，研究单一、复合型（水平或垂直）植被过滤带截留减污效果。

7.3.2 河岸植被过滤带截污效果实验结果分析

从植被过滤带配置建设完成后，两年内共实施 7 次强降雨过程径流水的取样分析。每次取 5 个样品，每个样品测试分析 4 个污染因子。

7.3.2.1 植被过滤带上下浓度变化分析

从 COD、高锰酸盐指数、NH₃-N 三种污染物在不同植被下浓度变化曲线可以看出，过滤带上的浓度要远高于草下、乔草下、灌草下、乔灌草下的浓度。而 TP 在 2009 年的 3 次监测中，变化没有一定的规律，可能与土壤中的 TP 释放有一定的关系。而 2010 年 4 次测试中，过滤带上下浓度变化规律明显。

上游坡耕地径流水（过滤带上）的 COD 质量浓度范围为 32～103 mg/L，高锰酸盐指数质量浓度范围为 8.06～15.94 mg/L，NH₃-N 质量浓度范围为 1.18～7 mg/L，TP 质量浓度范围为 0.06～0.128 mg/L。如果坡面径流不经过草地等植被直接进入地表水体，排入地表水中的污染物除 TP 不超标准外，其余三项 COD、高锰酸盐指数、NH₃-N 等均超过标准，超标范围分别为 COD 0.60～4.15 倍、高锰酸盐指数 0.34～1.66 倍、NH₃-N 0.18～6.00 倍。坡耕地径流经过不同植被过滤带后，污染物质量浓度有所降低。

不同植被配置类型条件下 COD、高锰酸盐指数、NH₃-N、TP 等变化情况见图 7-10 至图 7-13。

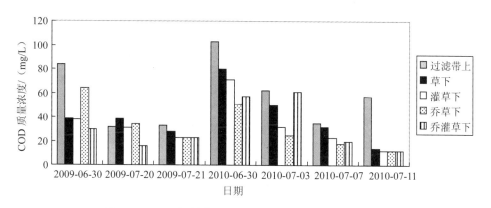

图 7-10 不同植被类型条件下 COD 质量浓度变化情况

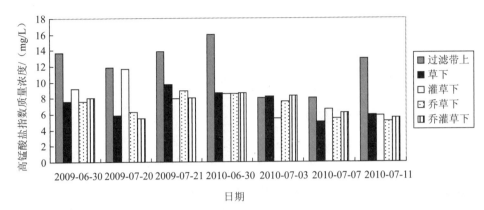

图 7-11　不同植被类型条件下高锰酸盐指数质量浓度变化情况

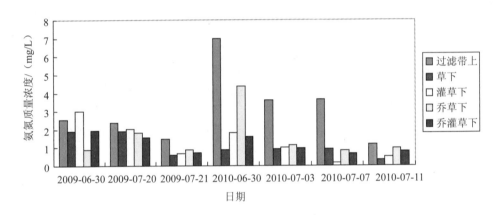

图 7-12　不同植被类型条件下 NH_3-N 质量浓度变化情况

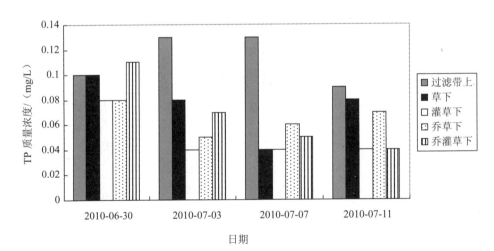

图 7-13　不同植被类型条件下 TP 质量浓度变化情况

7.3.2.2　植被过滤带截留减污效果分析

植被过滤带对 COD、高锰酸盐指数、NH₃-N、TP 均有一定的去除效果。坡面径流经由不同组合河岸植被净化带后 COD 质量浓度平均削减 38.6%，NH₃-N 质量浓度平均削减 53.0%，TP 质量浓度平均削减 41.0%，其中"三带"植物配置对 COD 阻控效果最为显著，削减率达到 44.7%，以芦蒿为主的"单带"植物配置对 NH₃-N 的阻控效果最为显著，削减率达到 57.3%。

每次强降雨情况下不同植被配置对污染物去除效果见图 7-14。

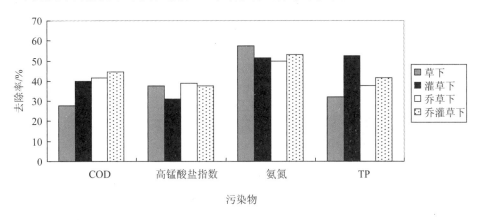

图 7-14　强降雨情况下不同植被配置对污染物的去除效果

7.3.2.3　植被过滤带实验结果

农业种植污染物流失与降雨量及降雨强度密切相关，6 月下旬的初次强降雨使土壤中污染物流失量最大，随着强降雨次数的增加，土壤中污染物流失量也逐渐降低。

上游坡耕地径流水（植被过滤带上）的 COD、高锰酸盐指数、NH₃-N 等相对较高，超过地表水标准。坡耕地径流经过不同植被过滤带后，污染物质量浓度会有所降低。

不同的植被过滤带对 COD、高锰酸盐指数、NH₃-N、TP 均有一定的去除效果。坡面径流经由"三带"植被过滤带后 COD 质量浓度平均削减 44.7%，氨氮质量浓度平均削减 53.3%，TP 质量浓度平均削减 41.7%。

第 8 章

小流域面源污染控制与重要支流生态修复综合示范工程

8.1 小流域面源污染控制及支流生态修复示范布设原则

以流域分水岭为界，不受行政区划限制，从分水岭到坡脚，从沟头到沟口，从支毛沟到干沟，从上游到下游，全面规划，建成完整的防治体系。

重点从两方面进行示范布设：

①根据示范区坡耕地的土地利用情况，因地制宜确定相应的治理措施；

②相对闭合小流域内出口上游选择约 5 km 长河段，采取河流生态修复措施。

8.2 示范工程地理位置

示范工程依托东辽河流域辽河源项目区黑土地治理工程，选择小流域位于东辽河杨木水库上游辽河源镇。地理位置为东经 125°23′17″～125°29′17″，北纬 42°51′～42°53′53″，在小流域内选择 0.25°～25°坡耕地、河道长 5.0 km 河段作为示范地点。

8.3 示范工程内容

8.3.1 坡耕地面源污染控制示范内容

结合示范区内的地形、坡度、坡面大小等实施梯田、地埂植物带、水平垄作（改垄），以控制水土流失及面源污染物流失。

坡面坡度 0.25°～3°将顺坡垄沿等高线改为横垄；坡面 3°～8°的坡耕地，在坡面较长、面积较大坡耕地上，修建地埂，地埂沿等高线布设，每道地埂间距 25 m，地埂上栽植侧根发达，萌芽力强，固土护坡的优良树种紫穗槐，行间距 0.3 m×0.3 m，品字形栽植。在坡度 8°以上坡耕地上土层较厚地块，修建梯田，梯田的田面净宽 8.00～

10.00 m，田坎进行植物（紫穗槐）防护。

8.3.2　重要支流生态修复示范内容

河流生态修复目前最认同的理念是近自然修复，也是一种前景广阔的生态修复技术。河流修复应遵循贴近自然、增强空间异质、工程安全和可持续等原则，不采用或少采用硬质化技术和材料，使修复的河流能够更接近自然状态。而河岸植被过滤带是目前我国正在发展及研究的面源污染控制及河岸生态修复措施之一，能有效减缓河水对河岸带的侵蚀和削减农田化肥农药对河流的污染程度。

（1）5 km 长河段——河岸边植物配置

河岸边两侧采取植被过滤带重点控制径流面源污染及河道内水污染。依据河岸现有植物及组成，在遵循生物多样性、适应性及乡土性等原则基础上，对河岸带采取种植与补植相结合的植被修复技术。栽植及补植的乔木树种以柳树为主，草本植物为自然生长的土著种。具体示范内容是在河岸两侧 0～30 m 宽栽植或补植柳树。

（2）0.5 km 长河岸冲刷段——木桩编柳

由于河岸的凹岸逐年迎受水流冲刷，使河岸不断地坍塌。采取直接防护的措施，即对河岸边坡实施木桩编柳，坡上插柳措施。木桩间距 0.5 m，木桩与木桩之间编入柳枝，柳枝埋入地下 0.3 m，以便雨水充足时发芽生长。

（3）0.5 km 长河溪滩地段——栽植或补植柳树

滩地近岸侧植被稀疏段采用人工栽植或补植柳树方式，行间距 30 cm×30 cm。

8.4　示范工程设计

8.4.1　坡耕地面源污染控制示范工程设计

8.4.1.1　水平垄作（改垄）

（1）布设区域

适用于 0.25°～3°顺坡打垄的坡耕地。

（2）设计要点及施工

将原有顺坡沟垄改为沿等高线的水平垄时，应先经过耕翻，再进行横坡耕作，耕作方向要求沿等高线方向，形成新的横坡沟垄。实施横坡耕作时，在坡面从上到下作成水平犁沟，以涵养水分，减轻水土流失。

8.4.1.2　地埂植物带

（1）布设区域

坡耕地改垄后，仅能初步控制水土流失，在坡度较大、坡面较长、雨水较多情况下，还会出现面蚀和冲沟现象。地埂植物带能有效地解决面蚀和断垄冲沟问题，地埂植物带布设在3°~8°的坡耕地上。

（2）地埂植物带设计

地埂沿等高线方向布设，间距根据当地降雨量和地面坡度确定，地埂横断面为梯形，埂高0.40 m，埂顶宽0.40 m，埂两侧坡面于水平面夹角均为50°，修筑地埂时采用埂下取土法筑埂，并保留表土，以免降低地力。地埂修好后要及时栽植紫穗槐，保护田埂。详见地埂植物带设计参数（表8-1）及示意图（图8-1）。

表8-1　地埂植物带设计参数表

地面坡度θ/（°）	原地面斜宽Bx/m	田埂内外坡坡度β/（°）	田坎高度H/m	田埂高度h/m	田埂顶宽a/m	田埂占地宽c/m	田面毛宽Bm/m	田面净宽B/m	土方量/（m³/hm²）	栽植紫穗槐/（株/hm²）
3~8	21.20	500	2.40	0.40	0.40	1.07	21.07	20.00	139	4 823

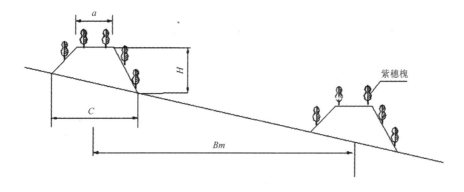

图8-1　地埂植物带设计示意图

（3）植物设计

在修好的地埂上栽植一年生紫穗槐，栽植紫穗槐株行距为0.5 m×0.5 m，采用品字形栽植，紫穗槐一般在4月上旬至中旬为最佳栽植时段，栽后及时平茬，一般栽植后踩实，不需浇水，但若遇特殊干旱年份则必须浇水，保证苗木成活率。

（4）工程量

土方量为9 035 m³，需紫穗槐苗木31.35万株。

8.4.1.3　水平梯田

（1）布设区域

水平梯田布设在地面坡度8°~15°的耕地上。

（2）水平梯田设计

在坡耕地沿等高线每隔一定距离修土坎而成的阶梯式梯田，每级田面水平。水平梯田修完后，可在其田埂上种植紫穗槐等固埂植物，株行距 0.5 m×0.5 m，提高土地利用率，增加农民收入，要在施工期结束后定期进行补植，保证成活率达到 80%以上。

水平梯田设计如图 8-2，相关参数见表 8-2。

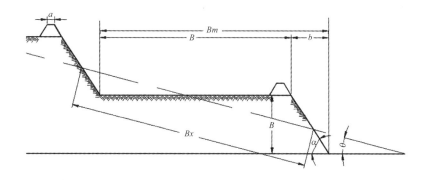

图 8-2　水平梯田设计示意图

表 8-2　梯田断面设计参数

地面坡度 θ/(°)	原地面斜宽 Bx/m	田坎坡度 α/(°)	田埂内外坡坡度 β/(°)	田坎高度 H/m	田埂高度 h/m	田面毛宽 Bm/m	田面净宽 B/m	田埂顶宽 a/m	田埂占地宽 c/m	田坎占地 b/m	土方量/（m³/hm²）
8~15	11.75	60	60	2.54	0.2	11.47	10	0.3	0.5	1.47	3 177

（3）工程量

工程量见表 8-3。土方量为 15 885 m³，需紫穗槐苗木 4.34 万株。

表 8-3　梯田埂栽植紫穗槐工程量表

地面坡度 θ/(°)	梯田面积/hm²	田面净宽 B/m	田埂高度 h/m	田埂顶宽 a/m	田埂占地 c/m	田埂长度/（m/hm²）	单位面积苗木量/（株/hm²）	苗木量/万株
8~15	5	10	0.2	0.3	2.17	1 000	8 677	4.34

8.4.2　重要支流生态修复示范工程设计

8.4.2.1　河岸植被过滤带

（1）布设区域

河岸两侧各 0~30 m 范围。

（2）树种选择

苗木选择河柳，苗岭 2 年，株高 1.5~2.0 m。

（3）栽植设计

苗木呈品字形栽植，株行距为 2.0 m×2.0 m。共需河柳苗木 7.5 万株。

8.4.2.2 典型河段

（1）木桩编柳护岸护坡设计

水流湍急，河岸两侧边坡陡直，冲刷严重，有坍塌现象河段。示范段长 0.5 km。在河岸边坡上间隔 0.5 m 插入柳桩，插入柳桩平均为三排。柳装长 1.5 m，插入地下 0.8 m。柳桩间用柳条交错编织，阻挡河岸坍塌泥土进入河道。柳桩和柳条选用可扦插成活的新伐带皮枝条。示范段长 0.5 km，需柳桩约 1 875 根（图 8-3）。

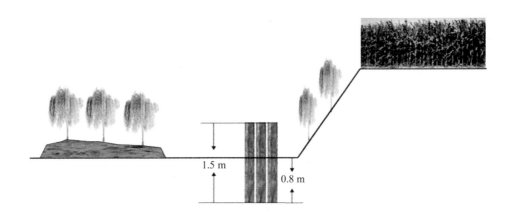

1.5 m

0.8 m

图 8-3　典型河段编柳护岸护坡设计示意图

（2）河溪滩地段河柳栽植

苗岭 2 年，株高 1.5～2.0 m。苗木呈品字形栽植，株行距为 2.0 m×2.0 m。示范段长 0.5 km，滩地面积约为 2.5 hm²，需要河柳苗木 6 250 株。

8.5　实施效果

8.5.1　示范工程规模及工程量

小流域面源污染控制与重要支流生态修复示范工程，共控制面积 26.2 km²，示范河段长度 5 km。示范工程共涉及土方 2.49 万 m³，栽植紫穗槐 35.69 万株，河柳 8.13 万株。

8.5.2　示范效果

坡耕地面源污染控制示范工程布设见图 8-4，实施效果见图 8-5 至图 8-6。重要支流生态修复示范工程布设见图 8-7，实施效果见图 8-8 至图 8-9。

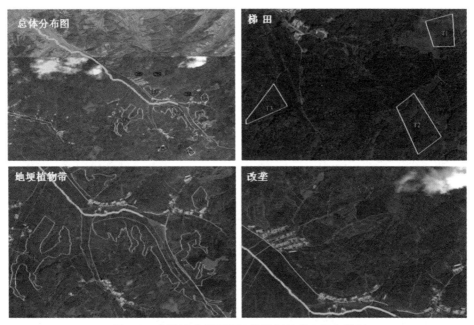

图 8-4　小流域农业面源污染控制示范工程布设图

图 8-5　坡耕地实施地埂植物效果图

图 8-6　坡耕地实施梯田效果图

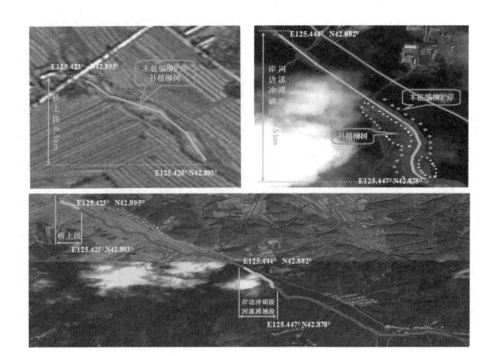

图 8-7　支流生态修复示范布设图

图 8-8　冲刷段——木桩编柳护岸

图 8-9　河溪滩地段——栽植或补植柳树

通过"田间—岸边"野外研究成果集成的农业面源污染控制及河流生态修复关键技术，在东辽河发源地——辽河源镇进行了工程示范，总投资 448 万元，示范区控制面积 26.2 km²，河流长度 5.0 km，实现出示范区断面 COD 削减 33%、NH$_3$-N 削减 32%、TP 削减 34%，同时可以结合当地农民耕作习惯对工程进行日常维护，占地面积少，通过收割植被可产生一定的经济效益，充分适应了北方农村的环境特点。

8.5.3 应用推广前景

坡耕地面源污染控制及水土流失治理集成技术，可广泛应用于低山丘陵地区的 0.25°～25°坡耕地上，有效降低降雨径流期间内水土流失及营养物的流失。该技术为不同的地形、坡度的坡耕地上农业面源污染物流失途径控制的集成技术，不仅提高农民收益，同时也能减缓坡面径流，减少泥沙及面源污染物的入河量。

河岸植被净化带是依据河岸现有植物及组成，在遵循生物多样性、适应性及乡土性等原则基础上，结合辽河源头区的地域特点设置，在未被硬质化的自然河道的河岸"三带"配置应为，岸边带以乔木及灌丛为优势种的沿河条带，乔木优先选用萌芽力强、根系发达的柳树，中间净化带及外围净化带视岸边可利用土地情况，也可以合二为一为单层草被，优先选择多年生的草本植物芦蒿。河溪滩地的植物配置以在不影响河道行洪的前提下优选以乔木及灌丛为优势种的沿河条带，乔木优先选用萌芽力强、根系发达的柳树。

参考文献

[1] 黄虹，邹长伟，陈新庚. 中国非点源污染研究评述[J]. 生态环境，2004，13（2）：255-257.

[2] 李怀恩，沈晋. 非点源污染数学模型[M]. 西安：西北大学出版社，1996.

[3] Helting L J，et al. Genesee River Pilot Watershed Study-Summary Pilot Watershed Report[R]. International Joint Commission，Windsor，Ontario，Canada，1978.

[4] Chesters G，et al. Pilot Watershed Studies Summary Report[R]. International Joint Commission，windsor，Ontario，Canada，1978.

[5] Verhoff F H，Melfi D A. Total Phosphorus Transport During Storm Events[J]. Jour. Environ. Eng. Div. Amer. Soc. Civil Eng.，1978，104：1021.

[6] Wiley R G，Hoff D. Chattahochee River Water Quality Analysis and Data Requirements for Water Quality Management Models[M]. Svannah District Corps of Engineers，Savannah，Georgia，1978.

[7] Knisel W G. CREAM：A Field-scale Model for Chemicals Runoff，and Erosion from Agricultural Management System[R]. Proc. 13th Conf. Molding and Simulation，1982，4，April.

[8] Young R A，et al. AGNPS：A Nonpoint-source Pollution Modeling for Evaluation Agricultural Watersheds[R]. J. of Soil and Water Conservation，1989，March-April.

[9] Lane L J，et al. The Water Erosion Prediction Project：Model Overview[R]. In Proc. Natl. Water Conf. ASCE，1989.

[10] Beasley D B. Applying Distributed Parameter Modeling Techniques to Watershed Hydrology and Nonpoint Source Pullution[R]. Proc. 13th Conf. Modeling and Simulation，1982，4，April.

[11] Jackson T J，Raw ls W J. SCS Curve Numbers from a Landsat Data Base[J]. Water Resour. Bull.，1981，17：857.

[12] Thomas A W，et al. Quantifying Concentrated-Flow Erosion on Cropland with Arial Photogrammetry[J]. Soil Water Conserv.，1986，41：249.

[13] Spooner J，et al. Determining the Statistical Sensitivity of the Water Quality Monitoring Program in the Taylor Creek-Nubbin Slough，Florida Project[J]. Lake Reservoir Manage.，1988，4：113.

[14] Logan T J，et al. Erosion Control Potential with Conservation Tillage in the Lake Erie Basin：Estimate Using the Universal Soil Loss Equation and the Land Resource Information System（LIRS）[J]. Soil Water Conserv.，1982，37：50.

[15] Gilliland M W，Baxter-Potter W. A Geographic Information System to Predict Non-point Source Pollution Potential[J]. Water Resour. Bull.，1987，23：281.

[16] Vanek V. Riparian Zone as a Source of Phosphorus for a Groundwater-Dominated Lake[J]. Water

Res.（G.B.）. 1991，25：409.

[17] Daniel E，et al. Nonpoint Sources[J]. Water Environment Research.，65（4）.

[18] Auer M T，Niehaus S L. Modeling Fecal Coliform Bacteria -iv. Field and Laborarory Determination of Loss Kinetics[J]. Water Res.（G.B.），1993，27：693.

[19] Obrador A，et al. Simulation of Atrazine Persistence in Spanish Soil[J]. Pestic. Sci.，1993，37：301.

[20] Hayhoe H N，et al. Estimating Snowmelt Runoff Erosion Indices for Canada[J]. Soil Water Conserv.，1995，50：174.

[21] Lowance R，et al. A Conceptual Model for Assessing Ecological Risk to Water Quality. Environ. Manage.，1995，19：239.

[22] Line D E，Coffey S W. Targeting Critical Areas with Pollutant Runoff Models and GIS[M]. ASAE Paper # 922915，Am. Soc. Agric. Eng.，St. Joseph. Mich.，1992.

[23] Xing W. Application of a GIS- Based Stream Buffer Generation Model to Environmental Policy Evaluation[J]. Environ. Manage.，1993，17：817.

[24] Recknagel F，et al. Hybrid Expert System DELAQUA0- a Toolkit for Water Quality Control of Lakes and Reservoirs[J]. Ecol. Modeling.，1994，71：17.

[25] Yoder D，Lown J. The Future of RUSLE，Inside the New Revised Universal Soil Loss Equation[J]. Soil Water Conserv.，1995，50：484.

[26] 李怀恩，沈晋，刘玉生. 流域非点源污染模型的建立与应用实例[J]. 环境科学学报，1997，17（2）：141-147.

[27] 刘枫，王华东，刘培桐. 流域非点源污染的量化识别方法及其于桥水库流域的应用[J]. 地理学报，1988，43（4）：329-340.

[28] 陈西平. 计算降雨及农田径流污染负荷的三峡库区模型[J]. 环境污染及其防治，1992，12（1）：48-52.

[29] 王宏，杨为瑞，高景华. 中小流域综合水质模型系列的建立[J]. 重庆环境科学，1995，17（1）：45-48.

[30] 李定强，王继增，万洪富，等. 广东省东江流域典型小流域非点源污染物流失规律研究[J]. 土壤侵蚀与水土保持学报，1998，4（3）：12-18.

[31] 洪小康，李怀恩. 水质水量相关法在非点源污染负荷估算中的应用[J]. 西安理工大学学报，2000，16（4）：384-386.

[32] 贺宝根，周乃晟，高效江，等. 农田非点源污染研究中的降雨径流关系——SCS 法的修正[J]. 环境科学研究，2001，14（3）：49-51.

[33] 胡远安，程声通，贾海峰. 非点源模型中的水文模拟——以 SWAT 模型在芦溪小流域的应用为例[J]. 环境科学研究，2003，16（5）：29-36.

[34] 陈友媛，惠二青，金春姬，等. 非点源污染负荷的水文估算方法[J]. 环境科学研究，2003，16（1）：10-13.

[35] 施为光. 邛海非点源污染及模型参数的彩红外遥感航片率定[J]. 重庆环境科学，1994，16（4）：

30-34.

[36] 沈晓东，王腊春，谢顺平. 基于栅格数据的流域降雨径流模型[J]. 地理学报，1995，50（3）：264-271.

[37] 王晓燕，王振刚，王晓峰. GIS 支持下密云水库石匣小流域非点源污染[J]. 城市环境与城市生态，2003，16：26-28.

[38] 梁天刚，张胜雷，戴若兰. 基于 GIS 栅格系统的集水农业地表产流模拟分析[J]. 水利学报，1998，26-34.

[39] 王云鹏. 基于遥感和地理信息系统的面源信息系统及初步应用[J]. 科学通报，2000，45：2763-2768.

[40] 郝芳华，孙峰，张建永. 官厅水库流域非点源污染研究进展[J]. 地学前缘，2002，9（2）：385-386.

[41] 于苏俊，高平平，何政伟. 基于 GIS 平台的农业非点源污染研究[J]. 2002，37（5）：593-596.

[42] 程炯，吴志峰，刘平，等. 珠江三角洲典型流域 AnnAGNPS 模型模拟研究[J]. 农业环境科学学报，2007，26（3）：842-846.

[43] 杨驰，邱炳文. GIS 与农业非点源污染定性模型完全集成的探讨[J]. 人民黄河，2005，27（10）：41-45.

[44] 李恒鹏，黄文钰，杨桂山，等. 太湖上游典型城镇地表径流面源污染特征[J]. 农业环境科学学报，2006，25（6）：1598-1602.

[45] 张琰. GIS 支持下流域非点源污染负荷通用模型（GWLF）应用[D]. 昆明：云南师范大学，2007.

[46] 张水龙. 基于流域单元的农业非点源污染负荷估算[J]. 农业环境科学学报，2007，26（1）：71-74.

[47] 袁宇，朱京海，侯永顺. 污染物入海通量非点源贡献率的分析方法[J]. 2008，5：169-172.

[48] 杨育红，阎百兴. 中国东北地区非点源污染研究进展[J]. 应用生态学报，2010，21（3）：777-784.

[49] 蒋鸿昆，高海鹰，张奇. 农业面源污染最佳管理措施（BMPs）在我国的应用[J]. 农业环境与发展，2006，4：64-67.

[50] 章明奎，李建国，边卓平. 农业非点源污染控制的最佳管理实践[J]. 浙江农业学报，2005，17（5）：244-250.

[51] 仓恒瑾，许炼峰，李志安，等. 农业非点源污染控制中的最佳管理措施及其发展趋势[J]. 生态科学，2005，24（2）：173-177.

[52] 代才江，杨卫东，王君丽，等. 最佳管理措施（（BMPs）在流域农业非点源污染控制中的应用[J]. 农业环境与发展，2009，4：65-67.

[53] 张水龙，庄季屏. 农业非点源污染研究现状与发展趋势[J]. 生态学杂志，1998，17（6）：51-55.

[54] 杨爱玲，朱颜明. 地表水环境非点源污染研究[J]. 环境科学进展，1999，7（5）：60-67.

[55] 李庆逵. 现代磷肥研究的进展[J]. 土壤学进展，1986，（2）：1-7.

[56] 李韵珠，等. 土壤水和养分的有效利用[M]. 北京：北京农业大学出版社，1994，8.

[57] 张水铭，等. 农田排水中磷素对苏南太湖水系的污染[J]. 环境科学，1993，14（6）：24-29.

[58] 周祖澄. 固体氮肥施入旱田土壤中去向的研究[J]. 环境科学，1985，6（6）：2-7.

[59] McCuen R H. A Guide to Hydrologic Analysis Using SCS Methods[M]. Prentice - Hall, Inc. Engle -

wood. Cliffs，1982.

[60] 阮仁良. 苏州河截流区外非点源污染调查[J]. 上海环境科学，1997，16（1）：20-22.

[61] 李怀恩. 水文模型在非点源污染研究中的应用[J]. 陕西水利，1987，（3）：18-23.

[62] 夏青，等. 计算非点源污染负荷的流域模型[J]. 中国环境科学，1985，（4）：23-30.

[63] 朱兆良，文启孝. 中国土壤氮素[M]. 南京：江苏科学技术出版社，1990.

[64] USEPA. National management measures to control nonpoint source pollution from agriculture[M]. Createspace，2015.

[65] Ham J H，Yoon C G，Jeon J H，et al. Feasibility of a constructed wetland and wastewater stabilization pond system as a sewage reclamation system for agricultural reuse in a decentralized rural area[J]. Water Sci Technol，2007，55（1-2）：503-511.

[66] 汪洪，李录久，王凤忠，等. 人工湿地技术在农业面源水体污染控制中的应用[J]. 农业环境科学学报，2007，26（增刊）：441-446.

[67] 丁晔，韩志英，吴坚阳，等. 不同基质垂直流人工湿地对猪场污水季节性处理效果的研究[J]. 环境科学学报，2006，26（7）：1093-1100.

[68] 何连生，朱仰波，席北斗，等.循环强化垂直流人工湿地处理猪场污水[J].中国给水排水，2004，20（12）：5-8.

[69] Jon E S，Karl W J W，James J Z. Nutrient in agricultural surface runoff by riparian buffer zone in southern Illinois，USA[J]. Agroforestry Systems，2005，64：169-180.

[70] Barling R D，Moore I D. Role of buffer strips in management of waterway pollution：A review[J]. Environmental Management，1994，18：543-558.

[71] Delgado A N，Periago E L，Viqueira F D. Vegetated filter strips for water purification：A review[J]. Bioresource Technology，1995，51：13-22.

[72] Muscutt A D，Harris C L，Bailey S W，et al. Buffer zones to improve water quality. A review of their potential use in UK agriculture[J]. Agriculture，Ecosystems and Environment，1993，45：59-77.

[73] Reed T，Carpenter S R. Comparison of P-yield riparian buffer strips and land cover in six agricultural watersheds[J]. Ecosystems，2002，5：568-577.

[74] Hay V，Pittroff W，Tooman E E，et al. Effectiveness of vegetative filter strips in attenuating nutrient and sediment runoff from irrigated pastures[J]. The Journal of Agricultural Science，2006，144：349-360.

[75] Phillips J D. An evaluation of the factors determining the effectiveness of water quality. A review of their potential use in UK agriculture[J]. Agriculture，Ecosystems and Environment，1993，45：59-77.

[76] 王良民，王彦辉.植被过滤带的研究和应用进展[J].应用生态学报，2008，19（9）：2074-2080.

[77] Mather R J. An evaluation of cannery waste disposal by overland flow spray irrigation[J]. Carles Warren Thornthwaite，1969，22：221-246.

[78] Magette W L，Brinsfield R B，Palmer R E，et al. Nutrient and sediment removal by vegetated filter strips[J]. Transactions of American Society of Agricultural Engineers，1989，32：663-667.

[79] Helners M J，Eisenhauer D E，Franti T G，et al. Modeling sediment trapping in a vegetative filter accounting for converging overland flow[J]. Transactions of American Society of Agricultural Engineers，2005，48：541-555.

[80] 侯丽萍，何萍，钱金平，等. 河岸缓冲带宽度确定方法研究综述[J]. 湿地科学，2012，10（4）：500-506.

[81] Bedard H，Haughn A，Tate K W，et al. Using nitrogen-15 to quantify vegetative buffer effectiveness for sequestrating nitrogen in runoff[J]. Journal of Environmental Quality，2005，34：1651-1664.

[82] Helners M J，Eisenhauer D E，Franti T G，et al. Modeling sediment trapping in a vegetative filter accounting for converging overland flow[J]. Transactions of American Society of Agricultural Engineers，2005，48：541-555.

[83] MA Suting，TANG Jie，LIN Nianfeng. Synthetic Assessment of Eco-Environment in the Western Jinlin Province Based on Multi-Sources GIS and RS Spatial Information[J]. Resources Science，2004，26（4）：142-143.

[84] YANG Yuwu，TANG Jie. The quantitative assessment and database building on fragile eco-environment[J]. Research of Environment Sciences，2002，15（4）：47-48.

[85] Li Q，Cheng L，Qi X，et al. Assessing field vulnerability to phosphorus loss in Beijing agricultural area using Revised Field Phosphorus Ranking Scheme [J]. Environment Science，2007，19：977-985.

[86] LI Xiaohan，WANG Rui，BIAN Jianming，et al. GIS-Based risk assessment of agricultural non-point source pollution of Yitong river basin[J].Soil and Water Conservation in China，2012，1（358）：33-35.

[87] Gburek W J，Sharpley A N. Hydrologic controls on phosphorus loss from upland agricultural watersheds [J]. Environmental Quality，1998，27：267-277.

[88] LI Qi，CHEN Liding，QI Xin，et al.Catchment scale risk assessment and critical source area identification of agricultural phosphorus loss[J].Chinese Journal of Applied Ecology，2007，18（9）：1982-1986.

[89] Hughes K J，Magette WL，Kurz I. Identifying critical source areas for phosphorus loss in Ireland using field and catchment scale ranking schemes [J]. Journal of Hydrology，2005，304：430-445.